古代ワインの謎を追う

ワインの起源と幻の味をめぐる
サイエンス・ツアー

ケヴィン・ベゴス
矢沢聖子 訳

TASTING THE PAST

THE SCIENCE OF FLAVOR &
THE SEARCH FOR THE ORIGINS OF WINE

by KEVIN BEGOS

原書房

古代ワインの謎を追う

ワインの起源と幻の味をめぐるサイエンス・ツアー

Lines from an Abu Nuwas poem are from Roger M. A. Allen,
Encyclopedia Britannica online, "Arabic Literature."

Lines from a poem by Israel ben Moses Najara are from Israel Zinberg,
A History of Jewish Literature, vol. 5,
The Jewish Center of Culture in the Ottoman Empire, Bernard Martin, translator.

The Richard Feynman comments are from The Feynman Lectures on Physics, vol. 11,
The Complete Audio Collection (New York: Basic Books, 2007).

Lines from A. Leo Oppenheim, Letters from Mesopotamia (1967)
are used with permission from The Oriental Institute of the University of Chicago.

Translations and an illustration from Eva-Lena Wahlberg's research on Egyptian wine labels
are used with her permission.

Lines from Andrew George's translation of The Epic of Gilgamesh
are used with his permission.

Nart poetry is from Nart Sagas from the Caucasus: Myths and Legends
From the Circassians, Abazas, Abkhaz,
and Ubykhs, John Colarusso, translator (Princeton University Press, 2002).

Lines from a poem by Samuel the Nagid are from A Miniature Anthology of Medieval
Hebrew Wine Songs, Raymond P. Scheindlin, translator.

TASTING THE PAST
by Kevin Begos

母と父に
大の読書家の二人に捧げる

目次

第一部

第一部　7
1章　謎のワイン　9
2章　古生物学と古代ワイン　20
3章　クレミザン　36
4章　イスラエルの忘れられたブドウ品種　54
5章　ワイン科学者　65
6章　フレーバー、テイスト、マネー　96
7章　コーカサス　107
8章　酵母、共進化、スズメバチ　130
9章　アフロディーテ、女性、ワイン　140

第二部 161

10章 ゴリアテ、採集体験、そして、見つかった答え 163
11章 イタリア、レオナルド・ダ・ヴィンチ、自然派ワイン 174
12章 ワインとフォアグラ 194
13章 テロワールの科学 216
14章 帰国、そして聖地のワイン 221
15章 アメリカのワイン用ブドウ品種 232
16章 ワイン科学の暗黒面 262
17章 グレイプショナリー 270
18章 最古のブドウ、いにしえの味 276
謝辞 287
ワインをもっと知りたい人、買いたい人のために 291
訳者あとがき 297
原注 I

第一部

いまだに私たちは言葉の罠にとらわれている。つまり、全世界にはよい「ブドウ」品種は一〇種しかない、と思い込んでいる。無数の品種から造られた素晴らしいワインが世界中にあるというのに。

——アンディ・ウォーカー
カリフォルニア大学デービス校
ルイス・P・マティーニ寄付講座より

1章 謎のワイン

命のワインは一滴、一滴にじみ出る。
命の葉は一枚、一枚落ちる。
――ウマル・ハイヤーム『ルバイヤート』一一〇〇年頃

ヨルダンのアンマンで、私はひとりミニバーを疑わしげに、だが、物欲しそうに見つめた。ひょっとしたらホテルの部屋でいいワインに出会えるかもしれないと期待しないわけでもなかったが、私は自分にルールを課していた。客室備え付けのワインは飲まない、と。このホテルのロビーは素朴なタイルの床に彫刻を施した木製扉となかなかしゃれているのだが、客室はつまらない。清潔でまずまず快適だが、ホリデイ・インのように画一的だ。なんとなく落ち着かなかった。一言もわからないアラビア語のテレビを眺めていてもすぐに飽きた。近くのモスクから夕方の礼拝の呼びかけが流れてくると、ここでは限られた場所でしか飲酒できないのを思い出した。この町には知り合いもいない。私はテレビキャビネットに近づいてもう一度扉を開けると、小型冷蔵庫の隣に並んだボトルを悲しげに見つめた。その中に文字も絵も古風な、見慣れないラベルの赤ワインがあった。ラベルにはこう書いてある。

製造・瓶詰め　クレミザン・セラーズ
聖地——ベツレヘム

どういうことだろう？　今は二〇〇八年春だが、ベツレヘムには今でもブドウ畑があるのだろうか？　子供の頃、カトリック教会でワインは聖書の時代から飲まれていたと教えられたが、クレミザンワインを店頭やワインリストやワイン評論で見たことは一度もない。ラベルには創業一八八五年とあるが、それにも引っかかるものを感じた。これほど長く製造しているのに評論家は誰ひとり取り上げなかったのだろうか？　このワインを造っているクレミザン修道院はエルサレムからほんの数マイルのところにあった。

この赤ワイン以外、部屋には興味を抱けるものはなかったし、私は中東取材で心身ともに疲れていた。それで、さほど期待もせず、ルールを破ってコルクを抜き、口に含んでみた。なんだ、これは！　私はにわかに活気づいた。ドライな赤ワインでスパイシーだ。シラーのようだが、シラーとも違う。飲みやすいバランスのとれた風味で、どんなワインとも違っていて、かすかに土くさいテロワールを感じる。私は気分よく眠りについた。クレミザン修道院を訪ねるのも悪くないと思いながら。

しかし、中東滞在中は時間に追われてその機会がなかった。アメリカに帰ったら、このワインを買って友人たちと味わおうと思った。だが、手に入らなかった。ワインショップで訊いても怪訝《けげん》な顔をされた。当時はアメリカにはクレミザンワインの輸入業者はいなかったから、オンラインでも入手できなかった。事情を話すと、直接取り寄せればいいという人たちもいた。きっとワインの個人輸入の手続きがどれほど煩雑か知らないのだ。ベツレヘムはパレスチナ自治区にあるが、イスラエルとの紛争が続いているから面倒なことが多い。第二次インティファーダの混乱の中ではなおさらだろう。ワイナリーにメールを出してみたが、返信はなかった。

私がクレミザンワインにこだわる理由はほかにもあった。どこのワインショップにもレストランのワインリストにも載っているシャルドネ、メルロー、カベルネ・ソーヴィニヨン、リースリングには食傷していた。決して嫌いなわけではない。どの品種も素晴らしいワインになる。だが、なぜこればかりなのか？　ほかにもたくさん品種があるというのに。

クレミザンワインに関する情報がないことにもかえって興味をそそられた。ある日、別件でワインに関するニュースを探していたとき、偶然、クレミザンワインを紹介しているサイトを見つけた。このワインを造っていたのはイタリア人修道士で、修道院は七世紀のビザンチン教会の廃墟の近くにあった。メルロー種も栽培しているようだが、私が聞いたこともない地元品種を使っていた。赤ワイン用バラディ、白ワイン用ジャンダリー、ハムダニー。こうした品種はあの地域では何千年も前から栽培されていたのだろうか？　クレミザン修道院では、古代エジプト人や聖書の預言者、古代ローマ人が飲んでいたワインと同じ地元品種を使っているのだろうか？

入手困難なのも不思議だった。聖地にあるワイナリーの手ごろな価格の極上ワインなら、少なくとも一定の販路があるはずだ。それとも、修道士は販路といった世俗的なことに関心がないのだろうか？　そもそも、二一世紀に中東でワインを造っている修道士がいると聞いたことのある人がいるだろうか？

そのサイトには多文化が融合して生まれたワインが紹介されていた。コート・ド・クレミザン、オールド・ホック、ダビデの塔、カナ・オブ・ガリレー、ブラン・ド・ブランは、いずれも「ベツレヘム山地で栽培され厳選されたダブキ種の白ブドウから造られている」とあった。調べてみると、この地域は実にさまざまな国や宗教の影響を受けていた。イタリア、フランス、アラブ諸国、イギリス、ドイツ、スペイン、キリスト教やユダヤ教。民族的・宗教的にこれほど細かく分断された場所なら、多文化の融合の産物はさぞ魅力的にちがいない。

あのホテルのワインの記憶は、古いポップソングのリフレインのように頭の中にいつまでも残っていた。二〇一一年、私はAP通信の特派員という多忙な仕事に転職した。そして、その直後に権威あるワイン事典『オックスフォード版ワイン必携』第三版（当時はそれが最新版だった）にクレミザンワインか、あの謎の地元品種が記載されていないか調べてみた。収穫はゼロ。イスラエルの項には「この一帯のブドウ畑は、紀元六三六年のイスラム教徒の侵攻後に破壊され、それ以降一一〇〇年から一三〇〇年にかけて十字軍がワイン生産を一時的に復活させたものの、ユダヤ人の追放とともにブドウ栽培は途絶えた」と記されていた。一八八〇年代にエドモン・ドゥ・ロスチャイルド男爵がワイナリーをつくるまで、ワイン産業はなきに等しかったということなのだろう。さらに落胆したことには、現在イスラエルにはブドウの「土着品種はない」とのことだった。

ところが、少し離れた「イスラム」の項目には、中世に「イスラム教徒に征服されてからもワイン生産は違法とはならず」、アラブ人はイラクのキリスト教修道院で造られていたワインより上質のワインをめざしたと書かれていた。紀元八〇〇年頃バグダッドに住んでいたアブー・ヌワースは、酒にまつわる享楽的な詩で知られているが、彼の詩にこんな一節がある。「ワインをグラスに注いでくれ、必ずワインにするのだぞ／こそこそするな、堂々と注ぐがいい」

どう解釈したらいいのだろう？　ワインが聖地から消えたとされるのはイスラム教に対する固定観念に由来しており、一見筋が通っているように思えるが、実際はそうではなかったのではないか？　あの地域は七世紀から一二世紀にかけてキリスト教徒にとってもユダヤ教徒にとっても重要な土地で、さまざまな支配者が統治してきた。イスラム教のワイン禁止令は時の支配者には適用されなかった。それなら、ワイン生産やブドウ畑が消えてしまうはずがない。

だが、当時の私には中東ワインの歴史を研究する時間がなかった。クレミザンワインの探求は私の優先事項リストの最下位にあった。異国でたまたま不思議なワインに巡り合った、それだけのことだ。それでも、時折、愛読しているポケットサイズのペルシャの詩集を読むたびに、『オックスフォード版ワイン必携』の記述は間違いではないかと思うようになった。一三〇〇年代にハーフェズはこんな詩を書いている。「混じりもののないワインのグラスを唇に運ぶとき／ナイチンゲールが歌い始める！」。ルーミーが一二〇〇年代に書いた詩にもこんな一節がある。「ワインを満たしたジャグが私を忘我の境地に誘い、今日は何本も瓶を割ってしまった」

イスラム教徒のワイン詩人は酒を比喩的表現として使うこともあるが、こんな生き生きした表現は私には実体験から生まれたものとしか思えない。現在のイスラエルで暮らしていた中世のユダヤ人も、次のような詩を残している。

あなたの心が悲しみにあふれ
今日や明日を思い煩い
苦しみに打ちひしがれたときは
ブドウの酒を飲むといい、友よ

イスラエル・ベン・モーゼス・ナハラ（一五五五—一六二五年頃）

これらのペルシャ、アラブ、ユダヤの詩は、イスラム教徒がブドウ畑を破壊したとされている時代に作られた。だが、詩は史実ではないし、『オックスフォード版ワイン必携』に研究者でもなんでもない私が疑問を呈することなどできない。それに、現代のワイン業界が中東ワインの歴史やクレミザンワインを無視する理由もわかるような気がする。私が詩を読んで考え込んでいる間にも、中国の大富豪がボルドーのワイナリーを買収し、カリフォルニアのナパ・バレーではハイテク資金と熱心な愛好家がワインブームを巻き起こしている。世界で最も有名なワイナリーのひとつ、ブルゴーニュのドメーヌ・ド・ラ・ロマネ・コンティのワインが、オークションで一本一万ドル以上で落札される。こんな時代にクレミザンワインの出る幕はない。ワイン界で途方もない大金が動いているときに、中東の無名のブドウに興味をもつ人間などいるだろうか？

ホテルの部屋で見つけたワインの記憶は次第に薄れていった。私はクレミザンワインを探すのを諦めた。そんなときホセ・ヴィアモーズの著作に出会ったのだ。二〇一二年に出版されたジャンシス・ロビンソン、ジュリア・ハーディングとの共著『ワイン用葡萄品種大事典』（共立出版、二〇一九）は、私に希望を抱かせた。この本は世界中のワイン用ブドウ一三六八品種を取り上げ、それぞれの歴史を探り、ＤＮＡ解析に基づくブドウの家系図を作成している。この画期的な試みによって、ジェームズ・ビアード財団賞をはじめ数々の国際的な賞を受賞した。有名品種を網羅しただけでなく絶滅寸前の稀少品種も記載している。私は感銘を受けると同時にワインに関する自分の無知を思い知らされた。そして、わくわくしながらイーブックの検索ボックスにクレミザンをほかの未知のブドウ品種とともに打ち込んだ。

ヒットしなかった。

ヴィアモーズに連絡してみた。手がかりを得たい一心だった。「恥ずかしながら告白しなければなりません。これらの品種は見落としていました。記載されていないのは、執筆当時は栽培されていることすら知らなかったからです。つまり、少なくとも数年前まではほとんど無名だったということです」と彼は言った。共著者のロビンソンは世界でも指折りのワイン評論家として敬意を集めている。その彼女でさえ知らないクレミザン・セラーズというワイナリーに興味を引かれた。ひょっとしたら、誰が、いつ、どんなワインを飲んでいたかというワインの歴史に関して、『オックスフォード版ワイン必携』の間違いを発見したのかもしれない。だが、それがどうだというのだ？　クレミザンワインを謎の古代ワインと結びつけようとするのは、どう考えても無謀な試みだ。

だが、『ワイン用葡萄品種大事典』のおかげで気づいたことがあった。私はワインの講釈ではなく研究がしてみたくなった。フレーバーやアロマを説明する長いリストのついた大仰な評論にはうんざりしていたし、九二年物と九五年物を区別できると豪語する評論家や一〇〇点満点で表す評価表にも釈然としないものを感じていた。そんなとき明白な事実を知った。私たちが鼻腔粘膜検体採取から自分のルーツを知ることができるように、ワイン用ブドウ品種もDNA鑑定ができるのだ。進化は足跡を残す。それはホモサピエンスから分化したネアンデルタール人でも、新しいブドウ品種でも同じことだ。こうして、ホテルの部屋で見つけたワインは執着の対象から研究のきっかけとなった。世に知られていないブドウ品種は、珍しいから価値があるわけではない。それぞれに固有の特徴がある。絶滅させてしまったら、二度とそのフレーバーは味わえない。

ヴィアモーズがブドウ品種の遺伝子を調べたと知って、さまざまな疑問が湧いてきた。ワイン用ブドウの原産地はどこだろう？　「古代」ブドウ品種はどう定義するのか？　五〇〇〇年前なら「古代」なのか？　それとも五〇〇〇年前か？　なぜブドウにはこれほど多くのフレーバーとアロマがあるのか？　同じようにアルコールの原料となるコメや穀物にはないのに。わからないことばかりだった。

『ワイン用葡萄品種大事典』には、ワイン業界の新しい動きも紹介されていた。世界中のワイナリーが地元品種を保存しようとしているというのである。私はアルメニア、ギリシア、フランスをはじめとする多くの国の気になるワインのリストを作って、それを全部試飲しようと思った。アシルティコ、チヌリ、キシ、マラテフティコ、ネロ・ダヴォダ、サペラヴィ、タナ、ヴィオレント、クシニステリー——これらはワインのスローフードともいうべきもので、色とりどりの在来野菜やクラフトウイスキーに類した存在だ。ここ一世紀の間にカベルネ、シャルドネ、メルローといった品種が無数の地元の品種を駆逐してきたことをこの本を読んで初めて知った。

そこからまた新たな事実が判明した。現代のワイン産業は工業型農業のいわばドレスアップ版で、最小限のコストで最大限の収穫高を上げようとしている。反射的に頭に浮かんだのが、マイケル・ポーランの著書『欲望の植物誌』（八坂書房、西田佐知子訳）の一節だった。「業界は総力を結集してごく少数のブランド品種の栽培を促進することによって市場の簡素化を図るのが賢明だと決定した」第三代合衆国大統領トーマス・ジェファーソンは、エソパス・スピッツェンバーグ種のリンゴがお気に入りだったし、昔のアメリカ人はいろいろなリンゴを食べていた。ニュータウン・ピピン、ロクスベリー・ラセット、アッシュミード・カーネル。しかし、二〇世紀に入ると、レッド・デリシャス、ゴールデン・デリシャス、グラニー・スミス、マッキントッシュが、少数のフランスの品種が世界のブドウ畑を席巻したように、市場を独占していった。これはリンゴやワインに限ったことではない。たとえば、バナナには世界中に約一〇〇〇の品種があるが、キャベンディッシュ種が世界市場の九〇パーセントを占めている。花はどうかというと、エイミー・スチュワートの『*Flower Confidential*（花の秘密）』によると、人気のある品種には香りがないそうだ。業界がそれよりも大きさや色、輸送に耐えうるかどうかを重視するからだという。

企業によるワイン製造も有名品種に偏ったワイン造りを促進している。影響力絶大なワイン評論家ロバート・M・パーカー・ジュニアが二〇〇〇年に『アトランティック』誌に寄稿した「ワインの暗黒面」と題した記事で、こう言っている。「現代のワイン製造の悲劇は、イタリアで栽培されたシャルドネも、フランスやカリフォルニアやオーストラリアで栽培されたシャルドネも、どんどん区別しづらくなっていることだろう。世界中のワイン製造企業はどこも同じような製法で、万人の好みに合うように製造しているから、ワインは固有の魅力や個性を失って、ウイスキーやジン、スコッチやウオッカのブランドと大差ないものになっていくにちがいない」

実際、それを裏付ける数字があがっている。『ワイン・エコノミクス』誌によると、一九九〇年から二〇一〇年にかけて、世界のブドウ畑で栽培される品種のうちカベルネ・ソーヴィニヨンとメルローの収穫高が二倍以上増えたそうだ。二〇一〇年には、西半球の国々のブドウ畑で栽培される品種の中でフランスのブドウ品種が六七パーセントを占めるようになった。わずか一〇年のうちに五三パーセントから急拡大した。ワインの魅力は多様性にあるはずだが、味や風味をある程度限定すれば、製造も簡単でコストも安くつく。フランスの優良品種でうまく造れば、風味豊かで複雑な味わいのワインができるだろうが、工業化の波に呑み込まれて、ほどほどの製品が流通しないとも限らない。二〇一四年には、ボルドー地方だけで約七億本のワインが製造された。

こうした新たな発見には考えさせられたが、また疑問が湧いてきた。『ワイン用葡萄品種大事典』には、ワイン用ブドウ品種の多様性が失われつつあるのを危惧して、稀少品種を保存しようとする動きがあると書かれていたが、その努力はまだ始まったばかりだ。この本の折り込みページにある大きな家系図は、ヨーロッパ品種に限られている。フランスやイタリアより何千年も前からワインを造っていたコーカサス山脈や中東には触れられていない。これでは、コロンブスが発見する以前は北米に歴史はなかったというようなものではないか。

だが、『ワイン用葡萄品種大事典』が労作であることに間違いはなく、ヨーロッパの多くのブドウ品種に共通の祖先があることを明らかにした。かつては低く見られていたグーエ・ブランという品種が、世界中で有名なリースリングを含む八〇以上の品種の祖先だったというのである。ということは、たとえ稀少品種に関心がなくても、そうした品種が存在しなかったら、今味わっているワインは飲めなかったことになる。

こうして、私は最初の疑問に立ち返った。クレミザンワインが使っているのは古代の忘れられた「始祖品種」なのだろうか？　理論上では、まだ見つかっていない品種のＤＮＡを調べれば答えは出るはずだ。個性の強い稀少品種が発見されたら、ワインの起源を突き止められるかもしれない。科学的な謎解きとワイン試飲が同時に楽しめる。やらない手はないだろう。

ある日、『ワイン用葡萄品種大事典』のウェブサイトを見たら、お知らせが出ていた。執筆時に見落とした品種があったので、情報を提供してほしい。最初に判明した一〇種を次の版に追加するというのだ。そして、そこに出ていたのだ、クレミザンの品種が。世界的に有名なロンドンのレストラン「オットレンギ」のソムリエ、ガル・ゾハールが、バラディ、ジャンダリー、ダブキ、ハムダニーを紹介していた。五年間むなしく情報を求めてきたが、私はもうひとりではない。クレミザンワインに関心を抱いている人がほかにもいたのである。

2章　古生物学と古代ワイン

海のそばに住むブドウの女、ワインの造り手
女神シドゥリは海辺の庭に坐っている
——ギルガメシュ叙事詩より

クレミザンワインと『ワイン用葡萄品種大事典』のおかげで、私はまた科学者と知り合った。ペンシルベニア大学の考古学者で、「古代ワインと古代ビール界のインディ・ジョーンズ」と称されるパトリック・マクガヴァンである。コーネル大学で化学の学士号を取得したあとロチェスター大学脳研究センターで神経化学の博士号を取得。その後、エルサレムで聖書考古学を研究し、ラトガーズ大学でファラオ時代のエジプトに関する講義を行ない、ヨルダン、シリア、イラン、アルメニア、中国をはじめとする多くの国でフィールドワークを実施した。

マクガヴァンはホセ・ヴィアモーズの初期の指導者でもあり、二〇〇四年には共に中東に赴いて、ワイン用ブドウ品種の起源を探っている。一九八〇年代には、考古生化学という新分野の開拓に尽力した。古代の土器に付着したごく微量（一〇〇万分の一もしくは一〇億分の一の濃度）の残留物にも、その土器に入っていた液体や食物のケミカル・フィンガープリント（化学指紋）が残ってい

る。放射性炭素年代測定や医学分析学の進歩に触発されて、考古学者や植物学者は質量分析を駆使し、原子炉まで使って、数千年前の人々が何を食べ、何を飲んでいたか解読しようとした。「質量分析計は分子の質量を測定し、質量に基づいて分類して、それぞれの質量の分子を数える」一九四〇年代にこの装置の普及に尽力したハロルド・ワイリーはこう説明する。分子量からそこにある化合物を特定できるわけだ。

私はクレミザンのブドウ品種についてマクガヴァンにメールで問い合わせたが、残念ながら、提供できる情報はないということだった。世界的に名の通ったワイン専門家にも問い合わせてみたが、いつのまにか「私の品種」とまで思えるようになった無名の品種には関心がないようだった。だが、マクガヴァンの調査報告には大いに刺激を受けた。読んでいると、テレビドラマで有名になった「CSI：科学捜査班」が古代のアルコールを捜査しているような気がすることもあった。物理学者のリチャード・ファインマンが語ったワインの複雑さを裏付ける証拠とも言えるだろう。

ファインマンは第二次世界大戦でマンハッタン・プロジェクトに参加し、量子電磁力学の研究——物質と光の相互作用の研究——で、ノーベル賞を受賞した。そのファインマンが一九六〇年代に講義の中でこんな所見を述べている。

かつてある詩人が「全宇宙はグラス一杯のワインの中にある」と言った。詩人が何を言いたかったのか正確にはわからない。詩は理解してもらうために書くものではないからだ。だが、グラスの中のワインをしげしげと観察したら、宇宙全体が見えるのは事実である。そこには物理学の要素がそろっている。揺れ動く液体、ガラスの反射、そして、私たちの想像力がそこに原子を追加する。ワインは風や天候の影響を受けて蒸発する。ガラスは地球の岩石の蒸留物であり、その成分の中には、すでに見てきたように、宇宙の年齢の秘密や星の進化が隠されている。ワインにはどんな不思議な化学物質の配列があるのだろう？　なぜそんな配列になったのだろう？　発酵があり、酵素があり、基質があって、ワインができる。そして、ワインの中には普遍概念がある。すなわち、あらゆる生命体は発酵の産物である。［中略］私たち人間が、なんらかの便宜のために、このグラスのワインつまり、この宇宙をいくつかに分割したとしても――物理学、生物学、地質学、天文学、心理学などに分割したとしても――言っておくが、自然はそんなことは知らないのだ。それなら、元通りひとつに戻して、ワインの目的を忘れないようにすべきだろう。最後の楽しみを味わわせてもらおう。ワインを飲み干して、すべてを忘れよう。

液体クロマトグラフィーといった分析方法によって、古代ワインの研究は飛躍的に進歩した（クロマトグラフィーの語源は、「色」を意味するギリシア語のクロマと「書く」を意味するグラフィア）。この方法を使うと、わずか一兆分の二ないし三という濃度のサンプルから化学物質を分離できる。レシピを分子レベルまで分解したり、冷蔵庫に残っていた得体のしれない乾いた断片を分析してもとはどんな食べ物だったか突き止めたりできる。それが可能なのは、元素によって分子量が異なるからである。液体クロマトグラフィーによって微量のサンプルを液状にすると、実験容器の中でさまざまな元素が異なるスピードで動くので、化合物を分離してさらにくわしく調べることができる。こうした一連の分析を繰り返すことで、ツタンカーメンの墓にあったワインの種類を突き止めることができた。スペインの研究者グループが、紀元前一五〇〇年から一〇七五年の間に造られた三種類のワインを特定している。赤、白、そして「シェデフと呼ばれた入念に造られた赤ワイン」である。

マクガヴァンは研究の一環として、五〇〇〇年前のエジプトのアンフォラ――地中海沿岸で広く使われていた素焼きの容器で、ワインや油、果物、穀物を入れた――と、紀元五〇〇〇年のアンフォラの残留物とを比較した。前者のサンプルは、古代エジプトの初期の統治者スコルピオン一世の墓の三つの部屋にあった約七〇〇のアンフォラから採取した。

当初の目的は残留物の成分を調べ、ワインが入っていたかどうかを突き止めることだった。しかし、ごく微量ではあるが識別可能な出芽酵母（サッカロミケス・ケレウィシアエ）のDNAと、ワインの命とも言うべきバイオマーカーとなる酒石酸が見つかった。一部のアンフォラにはブドウの種が残っており、半分に切ったイチジクが見つかったアンフォラもあった。ワインに甘味をつけるためか、発酵を促進するために加えられたのだろう。スコルピオン一世のワインにはコリアンダー、ニガヨモギ、ブルータンジー、松脂《まつやに》が含まれていた痕跡があり、風味付けと酸化防止のために使われたようだ。そのほかミント、セージ、タイムも残留物に含まれていた。

さらに、医学に関するパピルス文書を調べて、マクガヴァンはワインの成分に確信を深めた。ハーブやスパイスは古代世界では風味付けだけでなく薬として使われていたのである。一〇〇ページを超すパピルス文書にワインやビールを混合した一〇〇〇以上の処方が記載されていた。アルコールを混ぜたのは飲みやすくするためで、ホメオパシーの初期の例と考えられている。中東および地中海全域に関する最近の研究から、古代ワインには風味付けのためにさまざまな材料が使われていたことが明らかになってきた。乳香、没薬《もつやく》、クミン、ディル、フェンネル、アロエ、バルム等々。紀元四〇〇年頃のものとされるエジプトの遺跡で、ヌビア人の酒場にアンフォラが酒樽のように転がっていたところからすると、当時すでにワインは庶民の飲み物になっていたようだ。その近くでアンフォラといっしょに埋葬された遺骸も発見されている。当時の標準的な大きさのアンフォラの容量は三〇ガロンから四〇ガロンだったようだ。

アンフォラは地中海沿岸のあちこちで発見され、エジプトにある巨大なゴミ捨て場には一〇〇万以上が埋まっていると推定されている。その数を計測し写真に収めるという調査が行われ、マクガヴァンはアンフォラがどこで製造されたかを突き止めようとした。複数の破片を原子炉に入れ、機器中性子放射化分析（ＩＮＮＡ）によって、すり潰した四〇〇〇年前のアンフォラの破片に中性子線を照射し、基本的な元素に放射性を帯びさせる。そして、ガンマ線放出を利用して、破片に含まれた土の組成を測定すれば、土のフィンガープリントが判明する。それを土壌データベースと照合した。その結果、アンフォラが地中海沿岸全域で製造されていたわけではないことが判明した。ピッツバーグが鉄鋼、デトロイトが自動車で有名なように、古代の陶器に使われた粘土の大半は、現在のイスラエルのアシュケロンという都市の近くの限られた沿岸地域のものだったのである。

この地域では製陶業が盛んで、二五〇〇年にわたって月間約五〇〇〇のアンフォラを製造していたとマクガヴァンは考えた。その推測は、紀元前四二五年頃、ギリシアの歴史家ヘロドトスが記した一節と符合する。エジプトで使われたワイン用アンフォラをシリアに送るという歴史上初めてのリサイクルプログラムが紹介されているのだ。

年に二回、ギリシア各地から、そして、フェニキアからも、エジプトにワインが運ばれてくる、陶器の壺に入って運ばれてくる……各都市の市長は管轄区のワインの壺を回収して、首都メンフィスに届けなければならない。メンフィスで壺に水を入れ、このシリアの砂漠地帯に運ぶ。こうして、毎年エジプトに入ってくる壺は、そこで売りに出されたあと、それ以前の古い壺と同様、シリアに運ばれることになる。

エジプト人は遅くとも三〇〇〇年前からワインに関する詩も書いており、そのひとつ「花の歌」にはこんな一節がある。「あなたの声を聞くのは、私にとって柘榴《ざくろ》のワインだ。聞くと命がみなぎる」そういえば、シュメール人も四〇〇〇年ほど前に酒に関する詩を書いて、シルクロードや「肥沃な三日月地帯」で歌っていた。「なんと幸せな気分だろう。私たちの心は喜びにあふれている！［中略］甘い酒を注ぐ音が、あなたの耳に快く響かんことを！」そして、次に挙げるのは、約四〇〇〇年前に書かれたエジプトの壮大な詩「シヌへの物語」の一節だ。

それはヤアと呼ばれるよい土地だった
イチジクが実り、ブドウもあった
水よりワインのほうがたくさんあった

古代ワインに抱いていた私の漠然としたイメージが一気に広がった。それまではワインに対する古代人たちの単純な反応しか思い描いていなかったが、さまざまな文化に見られる複雑な反応と強烈な感情は、現在のワイン愛好家と少しも変わるところがない。古代エジプト人はブドウ畑やワイン醸造者、さまざまなヴィンテージの質も書き残している。古代の詩や物語には、ビール、フルーツワイン、ブドウワイン、薬用ワイン、それに胡麻ワインまで出てくる。シュメールのワインの女神ゲシュティンアンナや、アルコールと発酵の女神ニンカシも登場する。ヒーローやヒロインたちは美酒に酔いしれて黄泉《よみ》の国へと壮大な旅をした。「かついでいるのがワインの壺なら、肩が凝ったりしない」という古代のジョークには笑ってしまった。

ある年の一月、パトリック・マクガヴァンの講演の案内を見つけて、聴講することにした。「過去のコルク栓を抜く：地球最古のエネルギーシステムならびに人類初のバイオテクノロジーとしての発酵」と題した講義は、ワイン科学に関する私の基本的な疑問に答えてくれるにちがいないと思ったからだ。アラバマ大学の講堂に集まったのは学生、教職員、一般人合わせて二〇〇人ほど。一風変わったタイトルの講義としては集まったほうだろう。簡単な前置きのあとマクガヴァンは、サッカロミケス・ケレウィシアエ（出芽酵母）——ワインを造り、ビールを醸造し、パンを焼くのに使う酵母――のスライドを指しながら聴衆に語りかけた。「この酵母は糖を取り込んで、アルコールと炭酸ガスを、言ってみれば排泄するわけです。これは古代人にとって非常に興味深いことで、どこからか不思議な力がやってきて、この変容を引き起こしたと思ったことでしょう」発酵は食物の保存を助け、風味を増し、心を惑わす副産物を生み出す、とマクガヴァンは続けた。だから、その仕組みがよくわからなくても、この過程を崇《あが》める理由はたくさんあったはずだ、と。

人間だけでなく、ミバエからゾウに至るまで動物もアルコールを摂取する。「ミバエは幼虫にアルコールを与えるが、これは非常に興味深い」マクガヴァンによると、ミバエは人間と同じように「酔っ払う」遺伝子を多く持っているという。イネブリオメーター（酩酊度測定器）という奇妙な装置を使って、試験管の中でふらふらしているミバエの酩酊度を正確に測定した研究もある。土曜日の夜、州警察官がハイウェイで行なう飲酒運転取り締まりのミバエ版といったところだ。関連する遺伝子にはユーモラスな名前がつけられている。

・ライト級：特にアルコールに影響を受けやすい遺伝子
・バーフライ（バーの常連）：酔っぱらって寝たりせずに大量のアルコールを吸収できるようになる突然変異
・ティプシー（ほろ酔い）：ごく少量のアルコールを摂取しただけで酔いつぶれてしまう遺伝子

さらに、マクガヴァンによると、発酵した果実を食べた鳥が酔っぱらって木から落ちたり、キンカチョウの場合は囀《さえず》りの呂律が怪しくなったりするという。マレーシア・ツパイは一晩にグラス九杯分に相当する発酵したヤシの蜜を飲むと言われているが、なぜか酔っ払わない。インドではゾウの群れが醸造所を襲ったことがあり、「ゾウたちは一頭残らず村を破壊する大酒飲みになったのか」とか「ゾウたち大暴れ」といった見出しが新聞に掲載されたが、正確にどれだけアルコールを摂取したかはわからなかった。

講演ではワインやビールの話が中心だろうと思っていたが、マクガヴァンは広範囲の話題を取り上げて、さまざまな生物がそれぞれの遺伝子のせいでアルコール好きになったり酔っ払ったりする例を紹介した。つまり、アルコールと生物の問題は、およそ一億四〇〇〇万年前に最初の果実が地球に現れたときから続いているわけだ。それだけでなく、宇宙には、射手座B2暗黒星雲にギ酸エチルというアルコールが存在するという。「銀河の星が生まれる一帯……中央の、地球から二五〇〇万光年離れたところにアルコールの巨大な星雲がある」。その存在は分光法によって立証された。したがって、そこに到達できる宇宙船が開発されたら、アルコールを採掘しに行けると彼は冗談を言った。「このことはアルコールが宇宙に固有の化合物であることを示している」

マクガヴァンによると、人類は地上に現われて間もなく、つまり数万年前から発酵酒を飲んでいたと考えられるが、それを裏付ける証拠は残っていないそうだ。二六〇万年前に始まり最後の氷河期が終わった一万年ほど前まで続いた旧石器時代には、陶磁器はまだなかった。人間の感覚器官は太古からさほど変わっていないから、八〇〇〇年ほど前の中近東の陶器に初期の証拠が残っているよりはるか以前から発酵酒を飲んでいた可能性はある。ただ陶器が作られるようになってからは、酒の保存や輸送が簡単になったはずだという。

講演が終盤にさしかかった頃、本筋と関係なくマクガヴァンが語った話に私は胸を躍らせた。実験考古学のデータを使って古代ビールを再現する話で、古代の酒を理解するには現在の酒を幅広く味わうことが「不可欠」だと言うと、聴衆の間から笑いがあがった。だが、クレミザンワインの体験があるから、私にはすとんと胸に落ちた。

一九九九年にマクガヴァンのチームは、紀元前七〇〇年頃、現在のトルコ中央部で行われたミダース王の葬儀の饗宴で供された食べ物と飲み物を考古生物学の手法を使って調査した。遺跡で発見された鉢や水差しの残留物を調べて、言ってみれば「食のタイムカプセル」を掘り出そうとしたのである。ブドウのワインと大麦のビールと蜂蜜酒を混ぜ合わせたものが入った容器のほか、一八の壺には食べ物が入っていたことがわかった。山羊肉か羊肉のシチューで、蜂蜜に漬け込んでから、ワイン、オリーブオイルを加え、レンズマメとスパイスを加えて煮込んだようだ。

講演後、私が挨拶に行くと、マクガヴァンはクレミザンワインのことでメールをやりとりしたことを覚えていてくれた。「イスラエルのキブツにいたときに飲んだことがある」と、彼は一九七〇年代の経験を口にしたが、ブドウ品種には注意を払わなかったと言った。

マクガヴァンの考古学の研究には大いに興味を引かれたが、現在のブドウ畑やワインへの興味も捨てがたかった。それまで中東には数回行ったが、いつも現地の紛争や武力衝突の取材が目的だった。取材で行くのはもうたくさんだ。ホテルの部屋でクレミザンワインと巡り合ってから七年後、私はもう一度クレミザンワインを探しに行こうと決心した。手帳に疑問点を書き出し、いくつも調査リストを作成した。だが、マクガヴァンが講演で引用していたペルシャの詩の一節は忘れていた。「ワインの起源を突き止めようとするのは正気を失った人間だ」

『ワイン用葡萄品種大事典』のDNA解析を念頭に置いていたから、調査旅行はおおがかりなものになった。一九八八年に出版されたカーミット・リンチの古典的作品『最高のワインを買い付ける』(白水社、立花峰夫、立花洋太訳)を思い出した。フランス各地のワインルートを巡る一風変わった楽しい作品だが、私が巡るのはフランスではなく、本来のワインルート、つまり、コーカサス山脈から聖地エルサレムに出て、地中海沿岸を回り、ヨーロッパ北部に足を延ばす計画だった。ワイン造りの伝播ルートをたどろうというわけである。といっても、各地に残る神話を調べるのが目的ではなく、科学者や考古学者から話を聞くつもりだった。亡くなった父は、私には人生の目的がないと嘆いていた。これでやっと目的ができた。

心が躍ったが、不安もあった。まずはワイン科学の特訓を受けなければならない。幸い、ホセ・ヴィアモーズがしばらくスイスの彼の家に滞在していいと言ってくれたし、クレミザンワインに関してまた有望な進展があった。イスラエルの研究グループが地元のブドウ品種を探し出して、DNA鑑定したという。その結果も知りたかった。さらに、アメリカの小規模な卸売業者がクレミザンワインを輸入することになった。だが、それだけで調査旅行を中止するわけにいかなかった。

旅の準備を進めながらワインの起源を研究しているうちに、アルコールに関する現代の法律が古代の遺産だと気づいた。未成年の飲酒から、飲酒運転、酩酊の定義に至るまで、社会は昔からワインと節度ある行動とのバランスをとるのに苦慮してきた。

世界最古の法律文書であるバビロニアの「ハンムラビ法典」には、女性の飲酒に対する刑罰の記述があった。神殿を離れて飲みに行った巫女《みこ》（死刑）と、客が飲んだ酒の量の責任を負わされる居酒屋の店主に関するものだ。「居酒屋の主人（女性）が、客の飲んだ酒の総重量に相当する穀物を対価として受け取らず、代金を受け取り、その代金が穀物の代金より少ない場合、有罪となり水に投げ込まれる」。男性店主も同じ処罰を受けたのだろうか？　それとも、男性は居酒屋の経営者にはならなかったのだろうか？　そのあたりはわからない。

紀元前三六〇年頃、プラトンは飲酒に関する常識的な禁止令を記している。「では、酩酊についてもう少しくわしく論じようではないか。きわめて重要な話題であり、立法者の識別力が不可欠となる」と、プラトンの『法律（対話篇）』で、「アテナイからの客人」は言う。「まず男子は一八歳の成年に達するまではワインを飲んではならないと制定するところから始めるべきか？［中略］これは興奮しやすい青年期を乗り切るために取るべき予防策であり、その後は三〇歳まで適度の飲酒を許してもよい」

さらに、アテナイからの客人は次のような提案をする。「軍事行動（つまり戦闘）中は何人も酒を飲んではならず……執務中の執政官、勤務中の水先案内人や判事、重要事項の協議を行なっている者は一切酒を飲んではならない。運動や医療行為の結果として以外、昼間の飲酒は禁止すべきであり、子供を持とうとする者は、男女を問わず、夜間も酒を飲むべきではない」

三世紀から五世紀にかけて、バビロンのラビたちはどれぐらい歩けば酔いがさめるか議論した。

「イタリアワイン一クォーターで男は酔っぱらう。酔っぱらった男はいかなる法律問題も決定してはいけない。歩くことでワインの影響を軽減することができる」と、ミシュナー（ユダヤ教の慣習法）に書かれている。そして、トーラー学者が誓約を取り消すよう求められたときに飲みすぎていたら、決定を下す前に三マイル（一マイルではなく）歩くことを提唱している。ミシュナーにはほろ酔いと酩酊の判断基準も示されている。「ほろ酔いとはどういう状態か？　王の御前で話さなければならないとして、そうできる判断力が残っている場合は、単なるほろ酔いだ。だが、それができないようなら酩酊と見なされる」

古代メソポタミアの粘土板を見ると、ワイン産業が数千年前からさほど変わっていないことに気づかされる。「お手元においしいワインがないなら、ご一報くださったら、おいしいワインをお届けします。遠方にお暮らしなので、何か必要なときは手紙をいただければ、間違いなくお望みのものをお届けします」。三八〇〇年ほど前、現在は使われていないアッカド語で書かれており、発見されたのはシリアの当時ユーフラテス川流域の交易の要衝だったマリという都市で、現在はイラクとシリアの国境の近くだ。その一帯ではこれまでに二万五〇〇〇以上の粘土板が発掘されていて、地理、政治、経済がワインの流通に影響を与えていたことがよくわかる。マリの粘土板の帳簿には、誰が何を飲んだかもくわしく記されている。

「バビロンの民の夕食用ワインの支出額」
「バビロンの将軍たちへの贈答用ワインの支出額」
「バビロン軍への贈答用ワインの支出額」

大きなイベントのためのワインの支出に頭を悩ませることがあったとしても、くよくよしないでほしい。軍隊にワインを提供しようというわけではないのだから。古代エジプトの王はワインが不可欠であることをマリにはっきり通達していた。「王の射手の到着に備えて、充分な食べ物、ワイン、必要なものすべてを調《ととの》えておくこと。追伸、王は空の太陽の神でもある。王の兵士ならびに戦闘馬車は最高の状態でなければならない」

ワインは重要なものだったから、聖書時代にニネヴェなどの都市を征服したヒッタイト軍には、ガル・ゲスティンすなわち「ワイン鑑定士長」がいた。そして、現在と同じように、人生の目的は楽しむことだと思っている人々がいた。紀元前一四〇〇年頃に統治していたヒッタイト王の墓には、指を鳴らしているように見える王の彫像とこんな墓碑銘がある。「食べて、飲んで、楽しめ。それ以外のことは価値がないのだから」

Tasting

古代ワインにはブドウだけで造られたものもあるが、ビールとワインの混合のようなものもある。小麦、大麦、コメ、ナツメヤシをはじめとする果物を原料として、ありとあらゆるスパイスを加えた酒を農民も王侯貴族も飲んでいた。時が経つにつれて、ワイン、ビール、そして、最終的に蒸留酒は、それぞれの範疇に収まった。それ以来数千年間、ワインはブドウだけで造ったものと定義されてきたから、私はそれ以外の酒の歴史をたどる必要を感じなかった。機会があれば取り組むことにしよう。幸い、ドッグフィッシュ・ヘッド・クラフトビール醸造所が、パトリック・マクガヴァンとコラボして製造している古代エールのラインから、かつてのワインを多少なりとも感じ取れる。

◆マイダス・タッチ
ミダース王の墓と信じられる遺跡から出土した陶器の残留物の分析に基づいて造られた「蜂蜜、大麦、麦芽、ホワイトマスカットグレープ、およびサフランを原料とした甘いがドライなビール」。

◆シャトー・ジアフ
中国の賈湖《かこ》の遺跡から発掘された陶器の残留物の分析に基づいて造られた「サンザシの実、酒造米、大麦、蜂蜜」のビール。

◆タ・ヘンケット

古代エジプト文字、ヒエログリフで書かれた材料を使って造ったビール。小麦、カモミール、ヤシの実、中近東のハーブをカイロの野生酵母で発酵させた。

◆クヴァシル

デンマークの三五〇〇年前の遺跡から出土した陶器の残留物に基づいて、「小麦、リンゴンベリー、クランベリー、ヤチヤナギ、ノコギリソウ、蜂蜜、白樺のシロップ」で造られたビール。

3章 クレミザン

ねがわくはどうか神が、天の露と
地の肥えたところと、多くの穀物とワインを汝に与えたまへ。
――創世記二七章二八節（欽定訳聖書）

四月の晴れた爽やかな朝、エルサレムの旧市街を歩いていた私はそわそわしていたが、周囲が気になったわけではなかった。商店はこぎれいで、レストランは食欲をそそるメニューを備え、街角の店で食べたファラフェルとシャワルマはおいしかった。だが、クレミザン修道院のワイナリーに関して向こう見ずな計画を立てたのではないかと思うと、落ち着かなかったのだ。ホテルの部屋であのワインを味わってからすでに七年経っている。私は不安と期待の間を行ったり来たりしていた。そんな前に飲んだワインの味を覚えているだろうか？　あやふやな記憶に頼って夢中になっているだけではないか？　あのとき最高と思えたワインは、今飲んでみるとごく凡庸な味かもしれない。だが、逆もあり得る。イスラエルの新聞によると、クレミザンのワイナリーはイタリアの有名なワインメーカーの支援を受けることになったそうだ。

ほかにも頭を悩ませていることがあった。古代ワインに関してさまざまな文献を読んだが、それがあのワインを理解する一助になるだろうか？　古代人は何を飲んでいたのだろう？　ひょっとしたら、何もかも魅惑的な詩的憶測だったのではないだろうか？　同僚がアレン・マイヤーに会ってはどうかと勧めてくれた。マイヤーは著名な考古学者で、巨人ゴリアテの出身地とされているペリシテの都市ガテの遺跡で二〇年以上発掘調査を続けている。「ガテ」はヘブライ語でワイン圧搾機を意味し、その一帯は古代にはワイン製造の中心地だった。マイヤーのチームは、大きな貯蔵容器から文字を刻んだ繊細な粘土の酒瓶にいたるまで、ワイン関連の容器一式をガテの遺跡から発掘した。フランス人が毎朝コーヒーを飲むように、ペリシテ人は鉢に入れたワインを飲んでいたのだろう。私はマイヤーにメールを出したが、彼の返信の最後に引用されていた哲学者カール・ポパーの言葉は、私のワイン探求の旅にふさわしいものだった。「理論が唯一の可能性と思えるときは、その理論もそれによって解決しようとしている問題も理解できていない印と受け取るべきだ」

マイヤーが落ち合い場所に指定してきたのは、旧市街の城壁からほど近いトレンディな一角エメック・レファイム・ストリートのカフェだった。マイヤーはややずんぐりした中背の五〇代で、白髪交じりの髪は短く、科学者にしては珍しくユーモアのセンスがあった。私は古代の文献は今日にも通用するだろうかと訊いた。「一般的には、古代世界を考えるときには、当時の人間は現代人が持っているようなテクノロジーがないだけで、あとはまったく同じと考えて間違いない」とマイヤーは断言した。「感情も同じ、欲求も同じ、何もかも同じだ」

『オックスフォード版ワイン必携』などには、イスラム教徒に征服されたあと、十字軍の時代を別にすれば、聖地から基本的にワインが消えたと書かれているがと、私は疑問をぶつけてみた。それに対してマイヤーは、規模は小さくなったがワイン製造が続いていたのは間違いないと言った。「エルサレムにはキリスト教徒もユダヤ教徒も住んでいた。あったものが消えてなくなることなど考えられない」そう言うと、にやりとして続けた。聖書は姦通を禁じ、禁酒法はアルコールを禁じた。だが、キリスト教徒は罪を犯さず、アメリカ人は飲酒をやめたか？　イスラム教徒が、とりわけイスラムによる征服直後に飲酒を控えたのは事実だ。しかし、イスラム支配下で、キリスト教徒もユダヤ人も、特別に税金を払えば、ワインを造り、販売し、消費することを許されていた。言い換えれば、対象がワインであれなんであれ、万人がルールを守ったわけではないのだ。

ヘンリー・モーンドレルはイギリスの聖職者でオックスフォード大学の学者だったが、彼の著書『*A Journey from Aleppo to Jerusalem at Easter A.D.1697*（一六九七年イースター、アレッポからエルサレムの旅）』には、当時のその一帯の人々の融通無碍《むげ》な生き方が描かれている。沿岸に住む部族は商売相手によって宗教を変えた。「相手がキリスト教徒なら、キリスト教徒を自称した。相手がトルコ人なら、よきイスラム教徒になる。相手がユダヤ教徒なら、ユダヤ教徒で通し……彼らについてひとつ言えることは、彼らがよいワインを大量に造ること、そして、大酒飲みということだ」モーンドレルは近くの修道院を訪れて、こんなことも書いている。「きわめて簡素な場所で、とりたてて何もなかったが、ここで造られたワインはこのうえなく美味だった」

別れ際にマイヤーに時間を割いてもらったお礼を言うと、そのうちガテの発掘現場を案内しようと言ってくれた。そのあとエメック・レファイム・ストリートを歩いていて、ようやくこの名が聖書のレファイムの谷から採ったものだと気づいて苦笑した。巨人族の生地、ダビデ王がペリシテ人を撃破したとされている場所だ。私は「巨人族の谷ストリート」のカフェで、考古学者が語る巨人の話を聞いていたのだ。巨人を倒したダビデ王とクレミザンには相通じるところがあるような気がした。あの小さなワイナリーは、比べものにならないほど大きな競合ワイナリーに立ち向かおうとしている。

次に会いに行ったのは、ユーリ・マイヤー・シシックという歴史学者で、ユダヤとアラブの食物および文化を研究している。妻子とともにガリラヤ湖畔のキブツに住んで、採集ツアーを主催したり、健康的な食生活をテーマに講演したり、地元で採れたスパイスやオイル、お茶やオーガニックフードを販売したりしている。私が訪ねたときは、狭い台所に立って大きな鍋でひよこ豆を煮ていた。

マイヤー・シシックによると、ユダヤ教徒、キリスト教徒、イスラム教徒には共通した食べ物がたくさんあるという。彼の博士論文のテーマは、中世アラブ圏の伝統医学ならびにワイン製造だった。この一帯で何世紀にもわたってワイン製造が中断されていたという『オックスフォード版ワイン必携』の記述は誤りだと彼は断言した。「[イスラム教徒は]当時もワインを飲んでいた。禁止されても、金持ちはワインを飲んだ」オスマントルコ帝国には「酒飲みのセリム」と呼ばれた皇帝がいたし、十字軍の遠征から一九世紀までの記録を調べると、多くのユダヤ教徒やキリスト教徒がワインを販売していたことがわかる。もっとも、当時のワインは大半が自家製だった。

マイヤー・シシックは調査報告の一節を紹介してくれた。一三八四年に、あるキリスト教徒が「ガザでは誰もが自分のワインを持っている」と証言している。一四八八年には、あるユダヤ教徒が「エルサレムでは生ワイン、つまり、製造から一年以内のワインを水で割らずに飲んでいる」と語った。一八一八年には、イスラエル北部にある聖書時代にさかのぼる都市ツファットを訪れたユダヤ教徒が、五種類のワインを紹介し、そのうち一種は一五年から二〇年経たワインで金持ちのためのものだと語っている。一七世紀にエルサレムに巡礼に訪れたキリスト教徒は「雪で割ったワイン」に出会った。おそらく、レバノンの山から雪を運んできたのだろう。さらに、ユダヤ人学者がワインの売買や製造などさまざまな面について議論していた。「誰かからワインを買って、腐っていたり酢になっていたりしたら、代金を払う必要などない。そういう話はいくらでもある。ワインには生ワイン——きわめて若いワイン——もあれば、古いワインもある。新しいワイン、いちばん若いワイン、古いワインの三種類があって、古いワインは製造から一年ないし三年経ったもので、一番古いのは三年以上経っている」

マイヤー・シシックは現代ワインのトレンドには疎かったが、『オックスフォード版ワイン必携』が、六三六年のイスラム教徒によるエルサレム征服後、一帯からワインが消えたと主張している理由をこう推測した。近年は宗教におけるイスラム教徒、ユダヤ教徒、キリスト教徒間の交流が減って、複雑に関わり合っていた過去に目を向ける人はほとんどいない。イスラム支配下でユダヤ教徒やキリスト教徒が差別されていたのは事実だが、支配階級の信任を得て顧問官や医者になったユダヤ教徒やキリスト教徒もいた。十字軍の侵攻に際しては、キリスト教徒からのさらなる迫害を恐れて、ユダヤ教徒はイスラム教徒側に立った。

イスラム勢力が強かった時期には、古代からあったエジプトの広大なブドウ畑の多くで栽培されるブドウが生食用の品種に切り替えられたが、それでもワインが生産されなくなったわけではなかった。度重なる戦争や迫害にもかかわらず、ユダヤ教徒とキリスト教徒の聖地巡礼は途切れることなく続き、そのまま定住する人々もいた。聖職者のウィリアム・ウィンダム・マレットは、一八六七年の著書の中でクレミザンの近くで造られたワインを絶賛している。「キプロス産の赤ワインもあるが、巡礼者たちはベツレヘムの白ワインを好み、食卓にものせた。これは良質の『辛口』ワインだ」

マイヤー・シシックに別れを告げた私はいくぶん意を強くしていた。やはりクレミザンで古代からある中近東在来のブドウ品種が使われている可能性は高そうだ。

そして、ついにその日が来た。私はエルサレムの街角でデイヴィッド・シルバーマンと迎えの車を待っていた。彼はイスラエル人の優秀な写真家で、ワイン愛好家でもあり、ワイン業界にくわしかったから、クレミザンワインの謎を解くのに力を貸してもらえそうだった。まもなくアメール・カードッシュが運転する小型車が到着した。カードッシュはこの一帯のワイン卸売業者で、私たちをクレミザン修道院に案内するためにわざわざナザレから来てくれたのだ。車中で彼は自分のことはあまり語らなかった。四〇代後半の気さくでエネルギッシュな男で、減少しつつある中近東のキリスト教徒だ。

渋滞を抜けて、エルサレムからベツレヘムまでのびる尾根を走る狭い湾曲した道路に出た。このあたりは海抜約三〇〇〇フィート。オリーブの段々畑が、ねじれた岩の梯子のように山裾まで続いている。山腹はポプラや松や杉の木立に覆われて、いかにも悠久の地という感じがする。近くの洞窟から修行僧が出てきてもおかしくなさそうだ。車が簡素な門の前で止まった。「ここがクレミザンです」カードッシュが言った。私は窮屈な座席から飛び出すようにして石灰岩の建物に向かった。エルサレム市街からわずか一五分だったが、私にとっては数年がかりの旅だった。

　四階建ての修道院に人影はなく、あたりは静まり返っていた。間口はおよそ一〇〇フィート、石灰石ブロックを日焼けした化粧漆喰が覆っている。昔ながらのアーチ形の窓の数や修道院の規模からすると、数十人の修道士を収容するために建てられたのだろう。通路の端に立つと、渓谷を見下ろす絶景が五〇〇マイル以上にわたって広がっている。まず目に入ったのはブドウ畑、そして、湾曲する岩で仕切られた二〇段ほどの段々畑。四分の一マイルほどの長さの一段ごとにオリーブの古木がびっしりと植えられている。段々畑は岩を一つひとつ積み上げてあった。「とても、とても古い段々畑です。セメントは使っていない、岩だけ」カードッシュが説明してくれた。渓谷のクレミザン側は、ベツレヘム寄りもエルサレム寄りも開発が進んでいない。一方、一マイルほど渓谷の反対側は、山腹に新しい居留地や集合住宅が密集している。「クレミザンワインとはそもそもどういうものだったんですか？」私は訊いた。

　クレミザン修道院は、ローマ・カトリックの修道会のひとつ、サレジオ会が、貧しい子供たちの救済のために創設したとカードッシュは言った。一八六〇年代にイタリアから修道士の一団がやってきて土地を買い入れ、七世紀の教会跡の周囲にあった天然の石灰岩の洞窟をワインや農産物の貯蔵庫として利用した。サレジオ会が資金と人員を提供して一八八一年に修道院が建てられた当初は、ミサを祝うために甘口ワインを造っていた。やがて、ほかの修道院や教会から分けてほしいと頼まれ、辛口ワインも造るようになった。「ワインを売るようになり、そのうち小さな工場のようになったんです」好調な販売のおかげで孤児院、専門学校、新たな修道院、農学校、幼稚園、パン工場をつくることができた。「つまり、ワインで儲けたお金はすべていろんな形でコミュニティに還元されたわけです」一九八〇年代から一九九〇年代にかけてワイナリーは隆盛を誇り、最盛期には生産高は年間六〇万本を超えた。クレミザン修道院の売店は土曜日の朝は大賑わいだったという。

段々畑に向かうと、有機野菜の小さな畑があった。修道士たちが食べる野菜をつくっているそうだ。クレミザン修道院には、修道女が経営する学校もある。角を曲がると、小さな喬木《きょうぼく》ほどの高さのある節くれだったブドウの木が、石造りの建物のそばの一角からはみ出さんばかりの勢いで伸びていた。「みごとな木ですね」私は言った。高さ約八フィート、根の周囲は二フィートくらいあり、一五フィートにわたって枝を広げている。緑の若葉が芽吹き始めていた。

「古い木です。でも、信じられないことですが、今でも生長していて、ブドウの実を与えてくれるんですよ」カードッシュはそう言うと、樹齢一〇〇年以上とされているとつけ加えた。

尾根の道路沿いに主要なブドウ園に向かうと、アーモンドとプラムの小さな木立があった。一八〇〇年代に修道士たちはイタリアのブドウ品種を持ち込んだのだろうか、それとも、地元の在来品種を使ったのかと私は訊ねた。「両方です」カードッシュは答えた。だが、何世紀もの間、クレミザンでは地元品種を重視しておらず、ヨーロッパのブドウ品種で造ったワインに混ぜるだけだったという。

失礼な言い方にならないよう気をつけながら、私はアンマンのホテルの部屋で味わって以来頭から離れなかった疑問を口にしてみた。なぜクレミザンワインはほとんど世に知られていないのだろう？　カードッシュはため息をついた。サレジオ会では浮世離れしたワイン造りをしていると彼は言った。何世紀にもわたって輸出もせず、イスラエル、パレスチナ自治区、多くのパレスチナ人が住むヨルダン川付近のキリスト教徒にしか販売しなかった。時間の問題もあると彼は言う。「ここでは何か決めるのにとても時間がかかるんです」修道士たちはどんな問題でも労を惜しまず議論を重ねるからだ。サレジオ会の最大の使命は孤児の救済なのだと言ってから、カードッシュは自分とクレミザン修道会の関係を説明してくれた。彼の父親は孤児として育ち、クレミザンワインの卸売業者になった。カードッシュ自身は電子工学の学位を持っていたが、二〇〇一年に父が亡くなったあと父の仕事を継いだそうだ。「修道士たちとは三〇年、いや四〇年のつきあいです」

クレミザンのワイナリーに対する私のロマンチックな憧れには重要な点が欠如していた。私はワインの味に夢中になり、どんなブドウ品種が使われているのか、そして、その品種がワインの歴史とどうかかわっているのかが知りたかった。二一世紀のワインマニアとしてはごく普通の疑問だろう。しかし、クレミザン修道院には別の優先事項があった。ここではキリスト教の初期の時代にさかのぼって行なわれてきた儀式の一環としてワインを造っていたのである。敬虔なキリスト教徒（そしてユダヤ教徒）にとって、ブドウは神から人類への贈り物であり、恍惚と誘惑、そして喪失の象徴となる。聖書にはワインやブドウ、ブドウの木に関する記述がたくさん出てくるが、イザヤ書の「ブドウ畑の歌」と呼ばれる痛烈な一節もその一例だ。

私の愛する人は肥沃な丘の中腹に
ブドウ畑を持っていた
土を掘り起こし、石を取り除け
選りすぐりのブドウを植えた。
畑に物見やぐらを建て
搾汁機もつくった
そして、よいブドウを収穫するのを待ち望んだが、
悪いブドウしかできなかった［中略］
私はよいブドウを待ち望んだのに
なぜ悪いブドウしかできなかったのか？

「ヨハネの黙示録」にも、この有名な天罰と贖《あがな》いの暗い光景が描かれ、それに触発されてアメリカの軍歌「リパブリック賛歌」やスタインベックの小説『怒りの葡萄』が生まれた。「そこで、天使が地に鎌を突き立てて地上のブドウを取り入れて、神の怒りの搾汁機に投げ入れた。そして、搾汁機が都市の外で踏まれると、そこから血が流れ出て、馬の轡《くつわ》に届くほどになり、一六〇〇スタディオンにわたって広がった」ヨハネの黙示録一四章一九節～二〇節

修道士たちはワイン評論家やワイン専門誌がどう思おうと気にかけなかった。ブドウ畑とオリーブの木立は貧しい人々を助け、ミサを祝うワインを与えてくれた。ＰＲなど必要なかった。最後の

審判の日に評論家の採点がどんな意味を持つというのだろう。

カードッシュが卸売業者として働き始めた直後に、第二次インティファーダが勃発した。「蜂起が始まると、何もかも止まってしまって」と彼は嘆いた。ワインの運搬も一苦労で、長年修道院の売店に買いに来ていた客も来なくなった。イスラエル当局は一帯に防御壁の建設を開始し、クレミザン修道院の土地に防御壁をどうつくるかで今も論争が続いている。この案件はイスラエルの最高裁判所に上告された。壁で完全に仕切られてしまうと、今は近くの村から歩いて五分でくる労働者たちは、車で遠距離通勤せざるを得なくなり、いろいろ問題が起こる。

こうしたことに加えて、修道院では供給者と顧客の宗教、文化、法律に対する感情の調整をはからなければならなかった。「迷路のように入り組んだ」という意味のビザンチンという言葉はこの一帯で生まれたが、ビザンチン帝国が崩壊したあとも、こうした複雑な状況はいつまでも残っている。クレミザン修道院の建物の一部は厳密にいえばエルサレム地域にあり、イスラエルの統治下にあるが、それ以外の建物はパレスチナのヨルダン川西岸地区にある。ワインに使うブドウはパレスチナ地域で栽培されているが、イスラエル側にもブドウ畑がある。輸出用ワインのラベルにどう表記するかをめぐって関係省庁は頭を悩ませている。ヨーロッパ諸国の中にはユダヤ教とキリスト教の双方が関わっているワインに魅力を感じる国もあるが、日本ではパレスチナワインとして売られている。逆にパレスチナという名称を禁ずるところもある。厳密に言うと、パレスチナという国家は存在しないからだ。クレミザンワインの愛好者であるラビが、ユダヤ教の掟に従って加工されている印である「コーシャ」としてはどうかと提案したが、修道院側は丁重に辞退した。コーシャに従うと、修道士たちはワインの発酵タンクに触れられなくなるからだ。

外部からの圧力が強くなるにつれて、内部でも葛藤があった。その結果、二〇〇五年にはワイナリーの活動は低迷した。売上は五〇パーセント以上落ちた。従来の基準に達したワインが製造できた年もあったが、そうでない年もあった。クレミザンのワイナリーが生き残るためには変革と新たな市場が必要だった。そこでイタリアのワイン・コンサルタントであるリッカルド・コタレッラ、そして、ヴェネツィアとミラノの中間に位置する有機ブドウ栽培組合チビエッレと提携することにした。イタリア側のアドバイスによって、クレミザンのワイナリーでは地元品種の価値を改めて認識した。「以前は地元品種も使っていましたが、それが値打ちのあるものだとは誰も知らなかったんです」とカードッシュは言った。

ダブキ、バラディ、ハムダニー、ジャンダリーを含む数種の品種をイタリアに送ってDNA解析をしてもらった。その結果、よく知られているヨーロッパ品種とは系譜が異なるが、スペインの品種とは同族の可能性が高いということだった。おそらく、数千年前に海洋民族が中近東のブドウ品種を地中海沿岸にもたらしたのだろう。そうした品種はその土地固有の品種と繁殖して、独自のDNAを残す。「切り札があったんです、誰も持っていないブドウ品種という切り札が」カードッシュは言った。修道士たちはワイナリーの再生をめざし、何世代にもわたって栽培してきた固有品種を使うことに決めた。

カードッシュ、シルバーマンとともに尾根沿いの道路を進んだ。右手にブドウ畑、左手には地元の若者のためのサッカー場とバスケットコートが見える。どちらにも杉やポプラの木立があった。

カードッシュがにやりとした。ここは恋人たちが家族や友人の目をのがれて逢引する場所なのだという。バラディ種のブドウを栽培している一〇〇ヤードほどの台地に出た。緑の若葉が芽吹き始めていた。カードッシュがブドウ畑で働いている四〇歳のバハ・ダラスを紹介してくれた。ダラス家では父親も祖父母も時折ブドウ畑で働いていたが、イスラム教徒なので誰もワインは飲まないそうだ。長年ここで働いているイスラム教徒の別の男性は、色と香りだけでワインの質が見分けられると私に言った。「ここではキリスト教徒もイスラム教徒もいっしょに働いています」カードッシュは誇らしそうだった。

労働者たちは手作業で草取りをしていた。ブドウの葉の上をテントウムシが這っている。アブラムシを食べてくれるから、天然の殺虫剤になる。私はテントウムシを指さしてカードッシュにそう言ったが、テントウムシを意味する英語レディバッグが理解できないらしい。ここではテントウムシはモーセの虫、あるいはモーセの牛と呼ばれている。由緒あるユダヤ系のアメリカの新聞『フォワード』で、この名称の解説を読んだことがある。「レディ」はヨーロッパの多くの言語で聖母マリアを指す。テントウムシはフランス語ではラ・ヴァーシュ・ド・ラ・ヴィエルジュ（聖母マリアの牛）、ドイツ語ではマリーエンケーファー（聖母マリアのカブトムシ）と呼ばれている。ユダヤ人は虫に聖母マリアの名をつけるのは畏れ多いからモーセにしておいたのだろうと『フォワード』は推測していた。

さらに少し歩くとワイナリーに着いた。もとは修道院の地下にあったが、一九七〇年代に事業を拡張した際、ここに移したのだという。新しいワイナリーはブドウ畑のそばの尾根の端にあり、鋳鉄製の古いワイン圧搾機があちこちにさりげなく展示してあった。入ったところは天井まで二〇フィートもある広々とした部屋だ。イタリア側から新しい瓶詰機が寄贈されたそうだが、一九世紀に使われていた大きな銅の瓶詰機もまだ隅に置いてある。石造りのアーチを抜けると発酵室で、セメントで裏打ちされた古い桶《おけ》がステンレス製の桶と並んでいた。石灰石のアーチの下には、五フィートはあるオークの樽が壁際にずらりと並び、そばには半分ほどの大きさの樽もあった。

カードッシュが二九歳のワイン職人、ライス・コカリーを紹介してくれた。クレミザンワインは今では修道士が造っているわけではないのだ。近年は病気や死亡による欠員がなかなか補充できず、現在ではワイン造りに携わる修道士は七人しかいないという。コカリーはこの近くのベイトハラに住むパレスチナのキリスト教徒で、三年間イタリアでワイン醸造を学んだ。留学費用は修道院が出してくれた。コカリーが自分の祖父の時代には地元品種でワインを造っていたと言うと、カードッシュもうなずいた。昔はほとんどの家庭で自家製ワインを造っていたそうだ。コカリーがダブキで造った最新の二〇一四年物の白ワインを試飲させてくれた。すっきりした口当たりで、ほのかな甘さがある。柑橘類とカラメルの風味がする。

「アロマがとてもいい」とシルバーマンが評し、夏向きの爽やかなワインだという点で意見が一致した。次に、白ワイン用品種ハムダニーとジャンダリーをブレンドしたワインを飲ませてもらった。こちらも口当たりはすっきりしているが、ミネラル感があり、ダブキだけのワインよりはるかに芳醇で風味も豊かだ。バランスの取れた素晴らしいワインで、シルバーマンが言うように、ヨーロッパのブドウ品種を使ったイスラエルの典型的な白ワインとは違う。

コカリーの話では、コタレッラの助言を受けて、クレミザンのワイン製造は、ブドウの栽培から発酵、熟成まで、あらゆる点で進歩したという。地元品種を使ったワイン造りに対する反応が好意的だったので、ヨーロッパ品種は使わなくなった。「それでいいんですよ。シャルドネはもうたくさんだ」とカードッシュが言った。クレミザンの白は素晴らしかったが、私は七年前に魅了された赤ワインを飲むのが待ちきれなかった。コカリーにバラディで造った最新の二〇一四年物をタンクから注いでもらうと、シルバーマンと私は香りを嗅いでから口に含んだ。

言葉が出てこなかった。出来のいい辛口の赤ワインだが、これといった特徴がなく、かつてあれほど感銘を受けたスパイシーさも芳醇さもなかった。かすかにめまいがしたが、それはアルコールのせいではなかった。記憶がどっと押し寄せてきた。瓶詰めされたバラディも味わってみた。同じだった。悪くはないが、何年も追い求めるようなワインではなかった。

私は二〇〇八年物の赤ワインについて二、三質問してみたが、問い詰めることはできなかった。根本的に問題があるからだ。あのホテルのワインはコカリーが造ったものではない。クレミザンが目を向けているのは未来で、過去ではなかった。それに、今にして思えば、私は大事な点を見落としていた。有名レストラン「オットレンギ」のソムリエ、ガル・ゾハールが、『ワイン用葡萄品種大事典』のウェブサイトで絶賛していたクレミザンワインは白ワインだったのである。ハムダニーとジャンダリーのブレンドを「口当たりがよく、爽やかで、みごとな複雑さがあり……オリジナリティが高く、危険なほど美味でもある」と評していた。クレミザンの赤を絶賛したのではなかった。

修道院に戻って売店に行ってみたが、閉まっていた。誰かが鍵を探しに行ってくれた。門のそばに庭園に続く小道が見えた。小道を歩いてみたのは単なる好奇心からだ。突き当たりに鋳鉄製の手動式ワイン圧搾機があった。おそらく、一九〇〇年代初期のものだろう。左手の高いポプラの木立の下に小さな空き地があって、ブドウやオリーブ用の石灰石でできた圧搾桶や石製のローラー、古めかしいワイン圧搾機が置いてあった。私は唖然として見つめた。フランスのワイナリーなら、こういう博物館級の道具を喉から手が出るほど欲しがるだろうに、ここには銘板も説明書きすらない。

アレン・マイヤーの言葉を思い出した。聖書やトーラーに登場する人物が実在したかどうかわからなくても、ひとつ確かなのはそれを書いたのが実在した人間だったこと――私が今眺めている渓谷を歩き、何千年も前にここでワインを飲んでいた人々だったことだ。今私が眺めているのはその証《あかし》なのだ。

私はしばらくその場にたたずんで、これらの石づくりの道具を使った人々のことを夢想してから、また修道院に戻った。売店を開けてくれていたので、ワインを数本と地元のアーモンドを買った。庭にあった道具のことをカードッシュに訊くと、すべて修道院で発見されたもので、鋳鉄製のワイン圧搾機はかつて修道士たちが使っていたということだった。道具がつくられた正確な年代は誰も知らなかった。ほかに考えなければならないことがたくさんあって、そこまで気が回らないのだろう。

私は高揚した気分で、だが、何か忘れ物をしたような思いを抱きながらクレミザン修道院をあとにした。二〇〇八年に飲んだワインは謎のままだ。あのワインが製造されたのはたぶん二〇〇六年――イタリア人コンサルタントが来る直前のことだろうから、私は修道士が造った最後のワインを味わったことになる。あのワインは、二〇〇〇年前の古代ワインのように手の届かないものになったのだろうか？　当時のワインがどんなワインだったか正確に知っている人はいなかった。

カードッシュに案内してくれた礼を言って、シルバーマンに別れを告げると、私はクレミザンワインに関する疑問は棚上げして、次に予定しているイスラエルの科学者との面談に望みをつないだ。また驚くような情報が得られそうな気がした。

Tasting

以下はアメリカで買えるクレミザンワインの一部である。殺虫剤を使わず有機栽培で製造されている。いずれも二〇ドル前後。熟成させずに飲むフレッシュ・ヴィンテージ・ワインだ。熟成したらどうなるかはまだわからない。

スター・オブ・ベツレヘム・ハムダニー&ジャンダリー・ブレンド（白）
スター・オブ・ベツレヘム・ダブキ（白）
スター・オブ・ベツレヘム・バラディ（赤）

アメリカニューヨーク州ニューヨーク、10023、コロンバス・アベニュー179にある67Wines & Spiritsのマンハッタン店には、右記のワインがそろっており、オンラインでも買うことができる。www.67wine.com.

東海岸のイスラエル料理や中近東料理店の多くでも、クレミザンワインが買える。ブルックリンの素晴らしいレストラン「タノリーン」はその一例。

クレミザンのワイナリーでは赤と白ワインのほか、ブランデーや聖餐用ワインも造っているが、中東でしか手に入らない。詳細はテラサンクタ・トレーディング・カンパニーに問い合わせを。

4章 イスラエルの忘れられたブドウ品種

私はイスラエルを荒野の葡萄のように見た。
――ホセア書九章一〇節（欽定訳聖書）

イスラエルの都市アリエルは、パレスチナのヨルダン川西岸に位置しているために一触即発の地だ。ユダヤ人入植が進んでいると聞いていたから、小さな前哨基地を想像していた。だが、実際には二万人が暮らす急発展しつつある学園都市だった。科学者のシビ・ドローリはアリエル在住で、地元の固有種を使ったワイン造りを研究している。

文献を見るかぎり、ドローリの研究は地味な印象だった。ワイナリーを備えているといっても、輸送用コンテナの中で研究用に少量のワインを金属樽で発酵させている程度だ。しかし、訪ねてみると、設備の整った清潔なラボで多くの若い科学者が研究に励んでいた。小規模だが、本格的なプロジェクトなのだ。

前日にクレミザン修道院を訪ねたと言うと、ドローリは「それはよかった」とそつのない口調で応じた。一流の科学者で、軍隊時代はパラシュート部隊に属していた彼は、気さくだが自信家だった。私は彼が地元品種に興味を持った理由を訊いた。現在、イスラエルには地元品種を使っているワイナリーはひとつもない。パレスチナのヨルダン川西岸に位置するクレミザン修道院が唯一の例外だ。現在の地元品種は生食かジュース用にしか適していないという人も多いそうだが、ドローリは聖書に記されている古代の広大なブドウ畑に惹かれたのだという。

「昔からの夢だ。ワイン造りを始めて一一年、いや一二年になる。始めたときから特別なことをしようと決めていた、カベルネやメルローといった品種を扱うのではなく」

質問を続けようとすると、ドローリはまず研究を始めた経緯を聞いてほしいとやんわり、だが、きっぱりと私を制した。二〇一一年にユダヤ民族基金の助成を受けて研究を始め、生食用も含めて、名前のわかっている地元品種はすべて分析したと言った。「数種が実際にワイン製造に使われていることがわかった。白ブドウ品種はとりわけ興味深い」

ドローリの調査チームは地元品種のＤＮＡを解析し、ブドウの残留物が採取できる遺跡リストを作成し、ワインの質を決定する重要なベンチマークである糖度と酸度を分析して少量のサンプル用ワインを造り、品種ごとのフレーバーの特徴を特定するために厳格な試飲調査を行なっている。

無名に近い品種を対象にしたこれほど包括的な研究はほかに例がないだろう。世界中のブドウ科学者の関心は、生産の改善や拡大、ブドウの病気や害虫のコントロールにある。言い換えれば、ワイナリーを儲けさせる手助けをするわけだ。

プロジェクトでは、品種名の歴史的考察研究にも取り組んでおり、ブドウの葉の構造や種の形の目録も作成している。「ジャンダリーとハムダニーの起源に関しては、四世紀までさかのぼることを突き止めた。当時はゴダリー、ハルダリーと呼ばれていた」この二つの品種は長年ワイン造りに使われていた。一六〇〇年頃、メナヘム・デ・ロサーノというラビが「今日にいたるまでエルサレムには二種類のワインがある。ジャンダリーワインとハムダニーワインである」と記しており、二つのワインの味の違いを異なるタイプの女性の魅力に譬《たと》えているそうだ。

調査を進めるうちに一九の地元品種にワイン造りに適した特徴が確認できた。プロジェクトの対象をイスラエル全土の野生品種に広げ、GPSで正確な場所を突き止めた。「イスラエルを南から北まで歩き回って手に入るブドウをすべて採集した。その結果、さらに一〇〇種がイスラエルの固有品種と判明した」

コンピューター画面に論文の一部やスライドを表示しながら、DNA鑑定の結果、聖地の品種とコーカサス山脈の品種との間につながりがあることがわかったとドローリは言った。ということは、ブドウの系統図のひとつの枝が、ワイン造りの伝播とともにコーカサス地方からエルサレムに広がってきた可能性が高い。ドローリはほかの科学者たちと協力して研究を進めているという。

私はいずれコーカサス地方を訪れるつもりでいた。ワイン用ブドウ品種が最初に栽培されたのはコーカサスだというのが大半の専門家の意見だからだ。そのことを口にすると、ドローリは即座に反論した。「近い将来その説を覆したい。ワイン用品種が最初に栽培されたのはイスラエルだと我々は信じている」これはブドウの研究者に共通する夢だ。みんな自国が発祥の地であってほしい。これまでにも数ヵ国の科学者がコーカサス起源説を覆そうとしたが、真の成功を収めることはできなかった。だが、新しい証拠が見つかる可能性は常にあるわけで、さほど実現性のない目標ではないかもしれない。一例を挙げると、一九九七年にドイツの研究チームがヒトツブコムギで、従来の起源説を覆すことに成功している。数十種の野生株と栽培株のＤＮＡを比較した結果、現在栽培されているすべてのヒトツブコムギが、トルコ南東に自生していた野生種から派生したことを突き止めたのである。ドローリはそのブドウ版をめざしているのだろう。

ドローリは実用性にも言及した。「いずれ誰もが気づくだろうが、イスラエルは暑い土地だ。このワイン製造者は太陽と戦いながらヨーロッパ風のワインを造るか、太陽と仲良くするかしかない」寒冷気候に向いたヨーロッパ品種を栽培し続けるか、地中海性気候に適合するために進化した在来品種を使うか選択しなければならないという意味だ。ドローリはクレミザン修道院の現在の製造法も、イスラエルの別のワイナリーが進めている実験的製法も間違っていると言う。在来品種を使っていても、ヨーロッパ風のワイン造りをしているからだ。「それではあまり意味がない」

私たちは研究室を出て、別の建物の地下室に入った。そこに古代遺跡から発掘されたブドウの種が保管されていた。白衣の若い女性がキャビネットを開けて小さな長方形の箱を取り出すと、黒っぽい種を一粒、手袋をはめた手にのせた。ダビデ王の時代のブドウの種だという。三〇〇〇年前に採取されたものだと思うと、背筋がぞくぞくした。さらに研究を進めれば——そして、運に恵まれたら——この古代の品種とＤＮＡが一致する在来品種が見つかるとドローリは期待している。「年内には、古代にこの一帯で造られていたワインにどの品種が使われていたか、おおよその見当がつくはずだ。すでにエルサレムの神殿の丘やアシュケロンをはじめ、イスラエル中の遺跡からワインの残留物を集めた」とドローリは言った。ハムダニーやジャンダリーを使い始めたワイナリーもあるという話だったから、いずれクレミザンワインにはライバルが現れるにちがいない。

クレミザン修道院を訪れ、ドローリから話が聞けたことは大きな収穫だったが、まだ釈然としないものを感じた。イスラエルにはワイン用土着品種はないという『オックスフォード版ワイン必携』の記述が誤りであることは確かめられた。私はクレミザンの赤ワインに魅せられて探求の旅を開始したが、修道院のワイナリーで飲んだかぎりでは白ワインのほうがおいしかった。ドローリが言おうとしていることもよくわかる。熟成にオーク樽を使おうとステンレスタンクを使おうと、クレミザンワインはヨーロッパの製法で造られている。それなら、古代ワインはどんな味だったのだろう?

ヴィアモーズもドローリも超一流の科学者だ。だが、新たな疑問を抱いた私はセカンドオピニオンを求めて、遺伝学者のショーン・マイルズに電話で問い合わせてみた。マイルズはブドウ品種の多様性に関する論文の筆頭著者で、二〇一一年に米国科学アカデミー発行の機関誌『米国科学アカデミー紀要』に掲載されたこの論文は、さまざまな文献によく引用される。カナダ生まれのマイルズはオックスフォード大学で科学の修士号を、ライプチッヒのマックス・プランク進化人類研究所で遺伝学の博士号を取得したあと、現在はノバスコシア州のダルハウジー大学で教えている。私はまず、世界中でごく少数のブドウ品種しか栽培していないことに正当な理由があるのかという疑問をぶつけた。すると、マイルズは世界中で横行している「ブドウ栽培のアパルトヘイト」について語り出した。

「ほかの分野だったら、間違いなくレイシズムとして糾弾されるだろう。古代の野生品種も交配種だ。ヨーロッパの高貴品種には劣るというわけだ」マイルズはそう言うと、ワイン業界の考え方を示す例を挙げてくれた。年間数十億ドルの売上を誇るアメリカの大手ワイン会社の経営陣と会ったとき、世界のワイン市場は実質的には約二〇品種に占められていると言うと、いや、六品種だという答えが返ってきたという。マイルズが最終的に研究対象をブドウからリンゴに切り替えたのは、変化に対するワイン業界の反発が異常なほど強かったからだ。最近、彼は妻とともにノバスコシア州でシードルの店を開いたそうだ。

私が次に電話したのはアンディ・ウォーカーだった。ワイン用ブドウ品種の研究で世界的に有名なカリフォルニア大学デービス校のルイス・P・マティーニ寄付講座を担当する教授で、温厚だが毅然とした人物である。「いまだに私たちは言葉の罠にとらわれている。つまり、全世界にはよい品種は一〇種しかないと思い込んでいる。だが、世界中のワイン愛好者はそんなことはでたらめだと気づいている」とウォーカーは言った。「世界のあちこちに無数の品種から造られた素晴らしいワインがある。しかし、業界の宣伝文句に惑わされて、結局は最高級［とされている］一〇品種に限られてしまう」良質のワイン用品種は、必ず特定の環境的ニッチに適合しているというのがウォーカーの意見だ。

一流のブドウ科学者たちは、たとえ横のつながりがなくても、わずか数種のブドウでワインを造らなくてはいけない理由はないという点で意見が一致している。カリフォルニア大学デービス校の科学者だったキャロル・メレディスは、大学を離れたあと、「こんな戯言《たわごと》がまかり通っている業界はほかにはない」と語っている。たしかに、ガーデニング初心者でも、オレンジの木をバーモント州に植えたりリンゴの木を南フロリダに植えたりしても、うまく育たないことぐらいわかる。だが、適合した生息地でないにもかかわらず、世界中のブドウ畑でフランスの有名品種が栽培されている。それに、名門ワイナリーに異を唱えるつもりはないが、フランスの数品種が「高貴」だという考え方には納得できない。ブドウに関して「高貴」という言葉が初めて使われたのは聖書である。「私はあなたを高貴なブドウとして植え、完全に正しい種を残すはずだった。なぜあなたは私の知らないブドウの木の劣悪な植物となったのか？」（エレミヤ書、二章二一節）。ほかにも、とりわけ谷間に際立ってみごとな紫がかったブドウがあると示唆した箇所もある。一七世紀には、シェイクスピアが『終わりよければすべてよし』の中で、「高貴なブドウ」を駄洒落に使っている。老貴族ラフューが王に向かってこう言うのだ。「おや、葡萄は召し上がるでしょう？　酸っぱいブドウではないのですから、お手が届きさえすれば、王さまと同じく高貴なブドウを召し上がるはずです」

フランスでは最終的に「高貴品種」を六品種（カベルネ・ソーヴィニヨン、シャルドネ、メルロー、ピノ・ノワール、リースリング、ソーヴィニヨン・ブラン）に絞り、それ以外は「一般品種」と見なした。これは根拠のある判定ではなく、王侯貴族は平民より優れている、あるいは、赤ブドウから白ブドウは生まれないというかつてワイン製造者の間で信じられていた思い込みのようなものだった。それでも、時が経つにつれて、ワイン愛好者（そして、ワイン販売者）は高貴品種という考え方にこだわるようになった。

何世紀にもわたって誇大宣伝に踊らされてきたのなら、ブドウに関するもっと科学的所見が知りたい。私のそんな思いは、マイルズやウォーカーから話を聞いたあとも変わらなかった。フィンチや亀やミミズといった生物について書くとしたら、チャールズ・ダーウィンの著作に当たってみるのが順当だろう。だが、ダーウィンはブドウにも強い関心を寄せていた。ワイン愛好家にとって、ブドウの木——とりわけ、たわわに実ったブドウが見渡すかぎり整然と並んでいるブドウ畑の光景は、写真に撮って壁に貼っていたいくらいだが、かの偉大な英国の科学者はブドウを不思議なほど複雑な植物と見なしていた。

ブドウの本来の姿を理解しようと、ダーウィンは温室に置いた若いマスカットの木をベル形ガラスドームで覆って、枝を伸ばす様子を日々観察した。そして、ブドウの木が微かに動いていることに気づいて不思議に思った。「空一面雲で覆われている間に少なくとも三回転しなかったら、この微かな動きは変化しつつある光の動きに起因すると気づいたはずだった」と、ダーウィンは「蔓《つる》性植物の動きと習性について」と題した論文に記している。「植物は動く力を持たない点で動物と区別されると根拠のない主張がしばしばされてきた。だが、植物は何らかの利点がある場合にかぎって自力で動く力を獲得し、発揮しうると言うべきであり……」

ブドウは蔓性植物だ。やはり蔓性植物の葛《くず》や籐《とう》は数百フィートの高さまで生長する。では、ブドウの木に手を加えず生長させたら、どうなるだろう？　ブドウの祖先の蔓性植物は相当な高さまでのぼって、日光が最大限に当たる場所にたどりつくことができたが、高くのぼるために多くのエネルギーを費やす必要がなかったとダーウィンは書いている。「植物が蔓性植物になるのは、光に到達し、葉の大きな表面を光の動きと自由大気の動きに触れさせるのが目的と考えられる。蔓性植物は、太い幹で多くの重い枝を支えなければならない木とくらべると、驚くほどわずかな有機化合物を消費するだけで高くのぼることができる」

ブドウは細い巻きひげを使って、ロッククライマーが岩場をよじ登るように上へ上へとのぼっていく。「巻きひげは何かにぶつかると、素早くからみついてしっかり巻きつく。そして、数時間のうちに側枝に達したあと主枝をのぼって強靭なバネをつくる。すると、すべての動きが止まる。やがて植物の細胞は成長して強度と耐久性を驚くほど増す。巻きひげの役目は終わった。みごとに役目を果たしたわけである」こうしてブドウの木は「枝から枝へと容易に移動して、日光の当たる広い表面を安全に移動」できるのだとダーウィンは説明している。

蔓性植物は寄生植物に似ていると考える植物学者もいる。どちらも他の植物と日光を奪い合いながら、根を張って土から水分を吸収する。ブドウの木の場合、こうすることでより多くのエネルギーを得て大きな果房を結び、鳥や小動物を引き寄せて種子を遠くまで運ばせられる。しかも、それだけではまだ充分ではないかのように、巻きひげは登攀《とうはん》具になるだけでなく、花にも果実にも進化できる。「進化論の最も強固な信奉者ですら、同一植物が同一の成長期に、花を支える花茎から果実まで段階的にさまざまな変化をするとは考えもしないだろう。巻きひげは登攀のためだけに使われると考えるはずだ。しかし、ブドウの木はそうした例があることを示している」とダーウィンは述べている。つまり、同一植物の異なる枝が異なる役割を果たすのだ。さほど驚異的なこととは思えないかもしれないが、人間で譬《たと》えるなら、道具をつかむ手が生殖器にもなるわけである。ダーウィンの論文にはこの点を示した二枚の図がある。左の図では巻きひげBとCがブドウの木の枝から伸びている。右の図では巻きひげCが花になり、Bは実をつけて重くなったほかの枝を支えるため

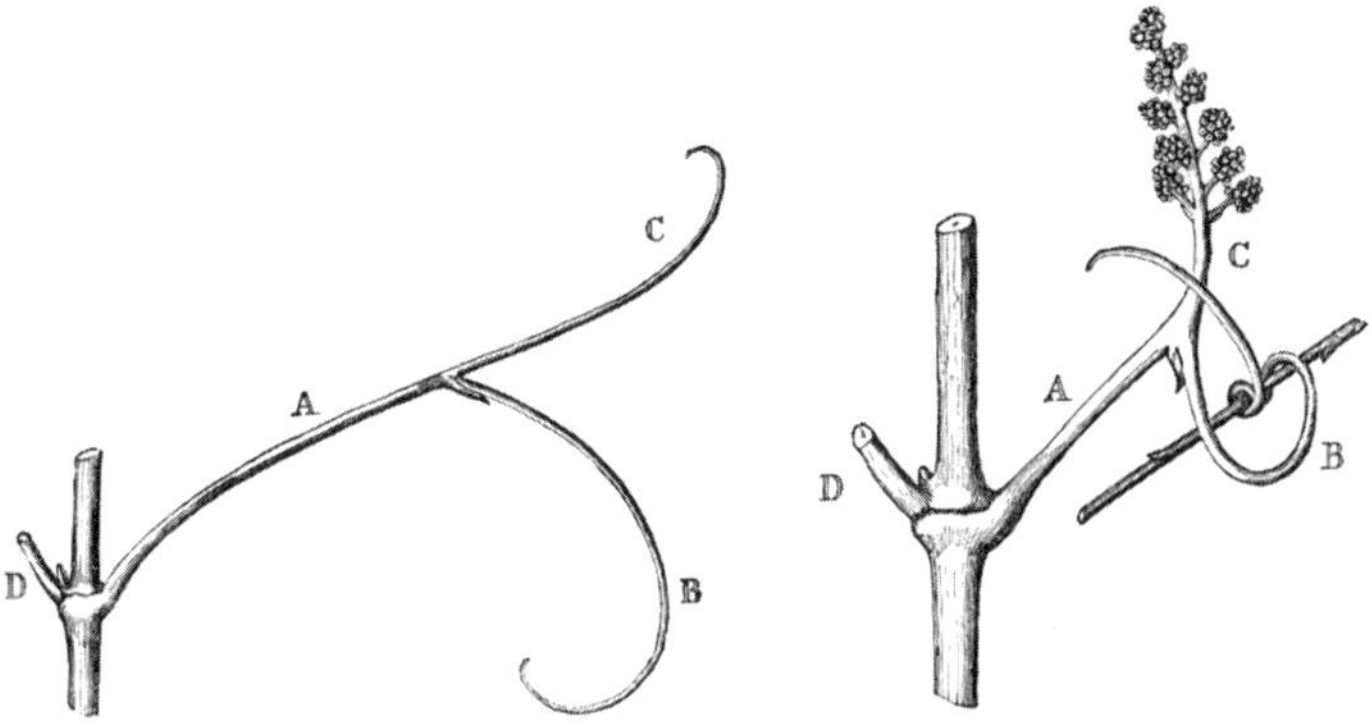

に別の木の枝に巻きついている。

ダーウィンにとって、さまざまな役割を担う巻きひげはブドウの深遠な進化を物語るものだった。原始植物から複雑な種子植物に続く進化の一過程を示しているからだ。地衣類や苔《こけ》類のような原始植物には花も種もなかった。地球上に花や種を持つ植物があふれるようになったのは、地衣類の出現から一億年以上経ってからだ。

それなら、なぜブドウはこれほどの適応性を持つようになったのだろう？　理由のひとつは、大量絶滅から生き延びるためと推定される。およそ六六〇〇万年前の白亜紀に、大型恐竜や多くの植物や海洋生物が絶滅したあとも、原始的な蔓性植物は生き残った。時速四万四〇〇〇マイル以上で進む小惑星がユカタン半島に落下して、直径約一〇〇マイルに及ぶ巨大なクレーターができた。その衝撃は広島に投下された原子爆弾の少なくとも一〇億倍とされ、津波やメガストームが発生して世界中が灰と瓦礫《がれき》に覆われた。だが、それだけではなかった。

小惑星の落下の前後にインドの大火山群が噴火して、有毒硫黄ガスが大気中に放出された。火山爆発と小惑星落下がダブルパンチとなって、陸地からも海からも多くの生物が消えた。だが、古代のブドウは生き残った。おそらく、持っていたDNAのコピーに助けられたのだろう。ゲノムの一部が損傷を受けても、予備のバックアップがあったと推定される。大量絶滅後の世界には、小型哺乳類や鳥類が数多く生息していた。種を拡散するには理想的な環境だった。

さて、現代のブドウ畑に目を向けてみよう。私たちはブドウの木を剪定《せんてい》し、形を整えて数フィートまでしか生長させず、支柱やトレリスで支える。そして、水や日光をめぐってライバルとなる他の木や草を取り除く。その結果どうなったか？　大量絶滅から生き延び、本来なら数十フィートの高さに生長するはずのブドウの木は、今ではたった二つのことに全エネルギーを向けている。深く根を張ること（それによって養分と水分の安定した供給を確保すること）、そして、おいしい実をつけること。それ以外の能力を奪うことによって、私たちはワイン用のブドウの木を効率のよいフレーバー工場に仕立てたのである。野生のブドウは四方八方に自由に伸びて、はるか遠くまで種を拡散し、伸びる途中で出会った別の品種と交配してきた。しかし、私たちはブドウからそうした能力をすべて奪ってしまったのである。

人類は何千年もの間、ブドウを病気から守り、健康に育てるために多大なエネルギーを傾けてきた。祖先がそうしてきたように、現代人もブドウの木を新しい畑に移し、肥料と水を与え、ブドウを賛美する詩を作っている。私たちはブドウを支配してきたのだろうか、それともその逆だろうか？　改めて考えてみてもいい気がする。

5章　ワイン科学者

太陽の熱に注目せよ。それがワインをどう変えるか
湿度と相まってワインに浸透するさまを。
——ダンテ・アリギエーリ、『神曲』一三二〇年

ホセ・ヴィアモーズに会うためにスイスに向かったのは早春のことだった。ローヌ川沿いにアルプス山中を列車で二時間、見渡すかぎりブドウ畑が広がっている。岩だらけの山腹から滝が流れ落ち、菜種畑の鮮やかな黄色が雪を頂いた山々に映えていた。スイスではサラダや料理用の食用タンポポも大量に栽培しており、私はスイス滞在中にタンポポを意味する英語「ダンデライオン」の由来を初めて知った。フランス語のダン・ド・リオン（ライオンの歯）を英語にしたもので、ギザギザの葉がライオンの歯のようだったということだ。

ワイン用ブドウの家系図をヴィアモーズがどう説明してくれるのだろうと考えているうちに、ふと私自身の家系図を思い起こした。母方の先祖は一七〇〇年代にイギリスとフランスからアメリカに移住し、それぞれテネシーの田舎と南カリフォルニアに落ち着いた。南部に住む私の親戚は古い

聖書や手紙、写真や結婚証明書といった記録となるものをたくさん保存していて、誰がアメリカ独立戦争で戦ったかとか、誰が南北戦争に従軍したといった類いのことをよく知っている。そういう話をするのが大好きで、私も聞かせてもらった。一方、父方の先祖はアイルランドとポーランドからアメリカに渡ってきたが、記録はほとんど残っていない。私はアイルランド人の祖母のことを何も知らないし、ポーランド人の祖父の母国での姓も、ポーランドのどこで生まれ育ったかも知らない。父方の親戚は過去のことを話題にしなかった。ブドウの先祖に関する情報もごく最近まではほとんどなかったが、DNA解析が行われるようになって長年の謎が次第に明らかになってきた。

列車はきっかり定刻に、ヴィアモーズの住むローヌ川沿いの小さな都市シオンに到着した。そこから三〇マイル行けばイタリア国境だ。ヴィアモーズとは彼の行きつけのレストラン「コック・アン・パテ」で落ち合った。彼がオーダーしたのは地元ワインメーカー「シモン・マイエ&フィス」の二〇〇九年物のシラーで、豊かな果実香と白胡椒の風味が素晴らしかった。料理はナスのカルパッチョパテ。透けるほど薄くスライスされたナスにオリーブオイルを添えて供された一品は、最高級の生ハムのようだった。

ヴィアモーズはほっそりした体型で、黒っぽい短髪、眼鏡をかけていて、当意即妙の才に富んだ人物である。博物画集『アメリカの鳥類』で有名な鳥類研究家、ジョン・ジェームズ・オーデュボンになぞらえられることもある。北米各地で鳥の観察を続けたオーデュボンのように、ヴィアモーズも世界中を回って絶滅の危機に瀕したブドウ品種の発見と保存に努め、その情報をワイン愛好家に発信している。パトリック・マクガヴァンが古代遺跡を調査して古代の酒を再現しようとしているのに対して、ヴィアモーズはブドウのDNAを解析して稀少品種の再生をめざしている。その一方で、オルタナティヴ・ロックのファンとして支援活動もしている。フェイスブックで、あるブロガーが音楽業界について長々と不満を並べたあと、こんな一文を加えているのを見たことがある。「スイスのホセ・ヴィアモーズには感謝している。アメリカのロックバンド、マーズ・ヴォルタが二〇一一年にシドニーで収録をした際、私は彼に往復航空運賃を支払ってもらった」

ランチを共にしながら、ヴィアモーズから最新ニュースを聞いた。地元の醸造家と協力してグロス・アルヴィンという古代品種をよみがえらせたというのである。「その醸造家は古いブドウ畑を訪ね歩いて、これまでに六〇種も古い品種を見つけている。僕はもうひとりのブドウ研究家と彼について歩いた」とヴィアモーズは言った。六〇種の中には病気にかかっているものもあったが、状態のいい一二種を残した。「そのうちから一種選んで、五〇〇メートル四方の畑で栽培したんだ。二週間ほど前に第一号ワインのテイスティングに招かれたが、これが素晴らしい出来でね。期待以上だった。かなり酸味が強いので、リースリングのようなきめ細かな酸味が好きな人には向かないかもしれない。だが、品質の高さは僕たちプロが保証する。彼は忘れられた品種でみごとな仕事をしてくれたよ。最後にこの品種からワインが造られたのは一〇〇年前だからね」

ヴィアモーズは車を持っていない。大気汚染を招くし、スイスは公共交通機関が発達しているから必要を感じないという。黒いジャケットや黒いスーツに白か黒のシャツという服装を好むおしゃれな彼は、息子二人、娘ひとりの三人の一〇代の子供の父親でもある。今や全世界のワイン評論家から注目されているというのに、本人はいたって謙虚だ。彼の共著『ワイン用葡萄品種大事典』は、

『デキャンター』誌で「偉業である。きわめて有益で啓発的かつ興味深い」と絶賛され、『ウォール・ストリート・ジャーナル』は「この驚異的な学術書は……すべての人のワインの知識を大躍進させるだろう」と評した。『ニューヨーク・タイムズ』は一七五ドルという高価なこの本を必携の書と呼び、ワイン評論家エリック・アシモフは「繰り返し読む価値のある傑作」と位置付けた。

食事のあと、地元の稀少品種を調査するために、ヴィアモーズが共同設立者となっている山の上のブドウ畑を一日がかりで見学する計画を立てた。

ヴィアモーズの話が存分に聞けたのは、彼が仕事場にしているこぢんまりしたアパートメントに招待してくれたときだった。スイスの郷土料理ラクレットもごちそうになった。フォンデュのようなものだろうと思っていたが、そうではなかった。昔、山で働く人々が作り立ての円盤形チーズを半分に切って、端を焚火であぶり、溶けたチーズをパンに塗って食べたのが始まりだという。私と話している途中で、スポーツ行事に参加していたヴィアモーズの娘から電話がかかってきた。それをきっかけに彼は息子の話をしてくれた。「息子はシェフ志望でね。店を持ったら、毎晩食べに行くと言うと、お金を払ってくれるならかまわないよと返された」子供たちは父親によく軽口を叩くそうだが、彼はそれを愛情表現と受け止めている。

ヴィアモーズがシンプルで優雅なラクレットクッカーを持ち出した。細長いグリルの下にチーズの大きな塊をのせられるようになっている。頃合いを見て旋回台を回してひっくり返すと、削り取られた泡立つチーズが皿に落ちる。「僕の大好物でね。毎日食べても飽きない」と彼は言った。地元で採れたジャガイモを茹でて溶けたチーズをかけ、地産ワインと共に味わった。焼いたチーズは濃厚で歯ごたえがあり、冷めるといっそう風味が増して、ステーキを食べているようだ。実においしかった。私は少なくとも二度お代わりした。ワインは酸味の強いスイスワインのディオレ、そして、ヴィアモーズの友人ヨーゼフ・マリー・シャントンが造った二〇一二年物のヒムバートシャ。こちらも爽やかな白で、かすかにアプリコットとバジルの風味がする。あまり知られていないこの二本のスイスワインは、世界のどんなシャルドネにも負けないほど美味だった。

長年、私は初めてワインを造ったのはフランス人だと信じていた。だが、考えてみれば、ブドウがいつ、どこで栽培されるようになったか正確なことは知らない。ヴィアモーズによると、ブドウは少なくとも五〇〇〇万年前から地球上にあったが、ワイン造りが始まったのはずっとあとだという。「野生のブドウはヴィティス・ヴィニフェラという植物種で、シルウェストリスという亜種に属する。シルウァとは森のことで、森の植物という意味だ。ポルトガルからタジキスタンに至るまでユーラシア大陸に広く自生していたが、主として地中海沿岸とドナウ川やライン川岸に集中していた。人間が栽培を試みるようになったのは、たかだか八〇〇〇年ほど前のことだ。友人で同僚のパトリック・マクガヴァンとの共同研究を通して、こうした事実を突き止めた」

「野生のブドウは今日の栽培種と大きな違いがある。野生のブドウは雌雄異株《ダイイーシャス》だ。これは植物学の用語で、二世帯を意味するギリシア語からきている」ヴィアモーズは説明を続けた。「つまり、すべて雄花の株とすべて雌花の株があるわけだ」だが、確率はきわめて低いものの、性的に異なる個体が生まれることがある。「自然界のブドウを調べると、一パーセントないし二パーセントの確率で雌雄同株、つまり雄花と雌花を持つ個体が見つかる」

二〇〇三年に、ヴィアモーズはマクガヴァンの調査チームに加わって、アルメニア、ジョージア、そして、ヨーロッパとアジアの境にあるトルコ東部を回った。古代人が初めてブドウを栽培してワインを造るようになったのは、確実に実を結ぶブドウの木があることに気づいたからだという点でヴィアモーズとマクガヴァンの意見は一致していた。「新石器時代の人間が野生のブドウを持ち帰ったとしても、それが雄株だったら実はならない」ヴィアモーズは説明を続けた。「雌株だったとしても近くに雄株がなかったら、実をつけることはない。だが、雌雄同株なら、毎年実を結ぶ。そういう株を見つけたら、取っておいて繁殖させたいと思うはずだ」今日栽培されているブドウはほぼすべて雌雄同株だ。

どこでブドウが最初に栽培されたのか正確にはわからない。おそらく、コーカサス地方の複数の孤立した地域、もしくは「肥沃な三日月地帯」を流れるチグリス川、ユーフラテス川の源流付近だろうと言われている。ヴィアモーズは世界最古のワイン醸造場と考えられる場所を訪ねた話をしてくれた。フランスでワインが造られるようになるよりはるか昔、今から数千年前の醸造場跡が、アルメニアのアレニ村の近くの洞窟で発見された。ごつごつした山の麓を小川が流れ、山道が切り立った岩壁の下にある三角形の空き地へと続いていた。傾いた壁に囲まれた通路を進むと、広い部屋に出た。そこに数千年溜まっていた土砂や動物の糞を除去すると、縦横三フィートほどのブドウ圧搾桶が出てきた。古代のブドウの皮や種や茎、一〇ガロンほど入る発酵用の樽、動物の牙でつくられたカップや粘土製の保存瓶も見つかった。そして、最古の革靴——ダンス靴のような驚くほど精巧な編み上げ式モカシン——もあった。六一〇〇年ほど前にこの洞窟で古代の部族がワインを造っていたにちがいない。

「洞窟に立っていると、なぜか崇高な気持ちになった」とヴィアモーズは回想する。その貴重な飲み物は売るために造られていたのではなかった。「神に捧げるためにあそこでワインを造っていた可能性が高い。子供の頭蓋骨が入った壺も見つかった。ということは、なんらかの形で生贄《いけにえ》を捧げたのだろう」地元アルメニアやカリフォルニア大学ロサンゼルス校の考古学者たちは、切断跡や噛み跡のある人骨や茹でられた形跡のある人骨を発見しており、カニバリズム（人肉嗜食）の風習があったと推測した。ＤＮＡ鑑定の結果、生贄のうち三人は若い女性で、おそらく姉妹だろうと推定された。見つかったブドウの残留物を分析した結果、ワイン造りに使われたのは栽培種と野生種の中間だったことが判明した。

「肥沃な三日月地帯」がワイン造り発祥の地と考えられるのは、多くの植物が栽培化され、動物が家畜化されたのがこの一帯だからだ。小麦、大麦、オリーブが初めて栽培され、牛、ヤギ、豚が初めて飼育された。そこで、最初にブドウ栽培を始めたのはコーカサス地方だとする説を裏付ける証拠が数多くあるにもかかわらず、マクガヴァンとヴィアモーズはさらに調査を続けた。そして、その過程で、「ワイン」という言葉の起源を調べていた言語学者から興味深い話を聞いた。古代から近代まで多くの言語で、「ワイン」という言葉は中近東に起源を持つ共通の祖語に由来しているという。ヒッタイト語やアッカド語、初期のセム語やヘブライ語、そして、古代エジプト語やギリシア語には、ワオイノあるいはワエイノという言葉があって、そこからワインを意味する言葉が多くの言語で生まれたというのである。

二〇一三年、フランスの研究者チームが世界中から五〇〇〇種を超えるブドウ品種を取り寄せてDNA解析を行なった。そして、その結果を次のように発表している。「ブドウの栽培は肥沃な三日月地帯から南コーカサスに及ぶ一帯で始まって、三方向に伝播した。北ルートは、ギリシア、ローマ帝国を経て帝国の西の辺境まで。南ルートはエジプト、アラブの領土を経て、最後のアラブ侵攻を通じて遠くスペインまで。そして、第三のルートはアジアに向かった」

この説は中近東各地の古代遺跡でブドウの木や果実の残留物が多数発見されたことと合致する。テルアビブにあるバル＝イラン大学の植物遺伝学者エフード・ワイスは、人間が定住し始めた頃の遺跡からはごくわずかなブドウの種しか出土しておらず、レンズ豆や小麦といった穀物のほうがはるかに多いことを文献から突き止めた。だが、六〇〇〇年ないし七〇〇〇年前の銅器時代に入ると、ブドウは食物の残留物の約五パーセントに達する。さらに、それから数千年後の青銅器時代には一〇パーセントに増え、その後時代が進むにつれて「きわめて大量の」ブドウが見つかっている。野生のブドウを採集する時代を経て、ブドウを栽培するようになったからだろう。

栽培植物は（家畜化された動物もそうだが）、人間による取捨選択の結果、野生種とはDNAが異なっている。生長が速く糖度の高い大きな実をつけるブドウを選んだ結果、最終的に生産性は飛躍的に向上した。それが五、六〇〇〇年前と推定される。この時期にシュメール文明をはじめとする初期の文化で、ブドウを賛美する詩や物語が生まれたのはそうした事情からだろう。ワインはもはや神への捧げものではなく、簡単に造ることのできる安価な酒、大衆の飲み物となったのである。

ワイン用ブドウ品種の変遷についてヴィアモーズが教えてくれたもうひとつの話は、私にはとても意外だった。種から育てたブドウは（ピノでもメルローでもジャンダリーでも）、親とは異なる風味や個性を持つ。人間の子供が親にそっくりでないのと同じだ。一方、挿し木によって増殖させると、親の特徴はそっくりそのまま受け継がれる。古くからある品種が遺伝的に均質なのは、種ではなく挿し木によって栽培増殖されてきた証拠だ。

「だから、ピノのような古くからある品種は、二〇〇〇年前のものと思っていい」とヴィアモーズは言った。つまり、二〇〇〇年間ずっとピノは挿し木によって繁殖してきたのである。

今日の有名なブドウ品種は、それだけ長い間ほかの品種と異種交配しなかったからこそ、特有の風味を保っているわけだ。初期のブドウ生産者は雌雄同株の品種を入手して安定した開花と結実を促しただけでなく、挿し木で増やすことで風味を固定した。だが、ブドウがあちこちで栽培されるようになると、偶然新しい品種が生まれる場合もある。たとえば、五〇〇〇年ほど前にブドウ栽培とワイン生産が、コーカサス地方と肥沃な三日月地帯の両方あるいはいずれか一方から急激に広がって、さまざまな部族や文化が栽培法や収穫法を模索しているうちに、偶然、野生種が隔離された挿し穂と交配した。そうしたことが重なった結果、品種の坩堝《るつぼ》ができたと考えられる。やがてヨーロッパ各地で、主として大きな川沿いにワイン産業が生まれた。現在ヴィアモーズと私は、スイスに達した伝播ルートの恩恵を受けているわけである。

ヴィアモーズが世界有数のワイン研究施設を備えたカリフォルニア大学デービス校に在籍していたことは知っていたが、彼はその経緯をこう説明した。「スイスのローザンヌ大学で生物学者としての基礎訓練を受け、大学院では博士論文のテーマに分子系統分類学を選んだ。植物をＤＮＡ解析に基づいて分類する学問だ。もともとワインが大好きだから、ワインやブドウに関心があった。それで、ふと思いついたんだ、両方同時に研究できないだろうか、と」二〇〇一年にスイス政府の助成金がおりてアメリカに行った。タイミングもよかった。一九九〇年代半ばに、カリフォルニア大学デービス校の植物遺伝学者キャロル・メレディスと、当時大学院生だったジョン・バウアーズが、人間のDNAを解析する革新的装置がブドウにも使えることに気づいたのだ。

それがどれほど急進的アプローチだったかを理解するために、それ以前のブドウの研究を見てみよう。古代ギリシアや古代ローマ、ユダヤ人をはじめとする多くの文化のワインに関する記述は、特定のブドウ品種を取り上げることがあったとしても、ほとんどの場合、産地を示すだけだった。したがって、古代ローマの博物学者、大プリニウスの以下の記述を読んでも、品種を特定する手がかりはない。「我々の祖先が最も高く評価したのはスレントゥムのワインだが、のちにはそれがアルバン、つまりファレルヌム・ワインに移った」これでは、かつてはウィスコンシンのチーズが最高とされていたが、今ではバーモント産を好む人が多いというようなもので、どんなチーズなのか見当がつかない。「古代人には今日のようなブドウ品種という概念がなかった」とヴィアモーズは言う。さらに事態を複雑にしているのは、同じブドウでも国が違うと、さまざまな言語でさまざまな呼び方をされていたことだった。

果実の大きさや色、葉の構造、種の形状によってブドウを特徴づける試みは昔から行われてきた。種からはかなり正確なことがわかる。数百万年前の化石化した種ですら、はっきりした特徴をいくつか保っているからだ。しかし、種は意欲をそそる研究対象とは言えない。一八世紀になると、ブ《アン》ドウ品種学《ペロ・グラフィ》という風流な学問が流行した。ギリシア語でブドウの木を意味するアンペロスと記述を意味するグラフィを組み合わせた造語だ。だが、実際には、ブドウの葉や果実を観察し、計測して細緻な絵を描いて、特定のブドウの木がほかのどのブドウの木に似ているか決定するだけのものだった。

さらに時代が進んで、近代的計器が使用されるようになると、品種間の植物学的差異を記録できるようになったが、一九世紀の医者が頭蓋骨を計測して知能を測定しようとしたように、この方法にはいくつか欠陥があった。形や色は必ずしもそのブドウ品種の遺伝的特徴を示していないからだが、それでも長年この方法は最良の選択肢だった。やがて、ブドウ品種学《アンペログラフィ》に触発されて新しい分野が生まれた。農学校はブドウの種や葉の膨大なコレクションを保存し、出版社はブドウに関する挿絵入り豪華本や図版集を売り出した。彩色図版を満載した本は、鳥類研究家で画家だったジョン・オーデュボンの『アメリカの鳥類』のブドウ版だった。こうした図版は今でも見ることができる。二〇一二年にイタリアの出版社からブドウ品種学《アンペログラフィ》の歴史に関する全三巻一五〇〇ページの大型本が上梓されたが、それには五五一点が転載されている。

アンペリデ（ブドウ）
ヴィティス・ヴィニフェラ（栽培種）

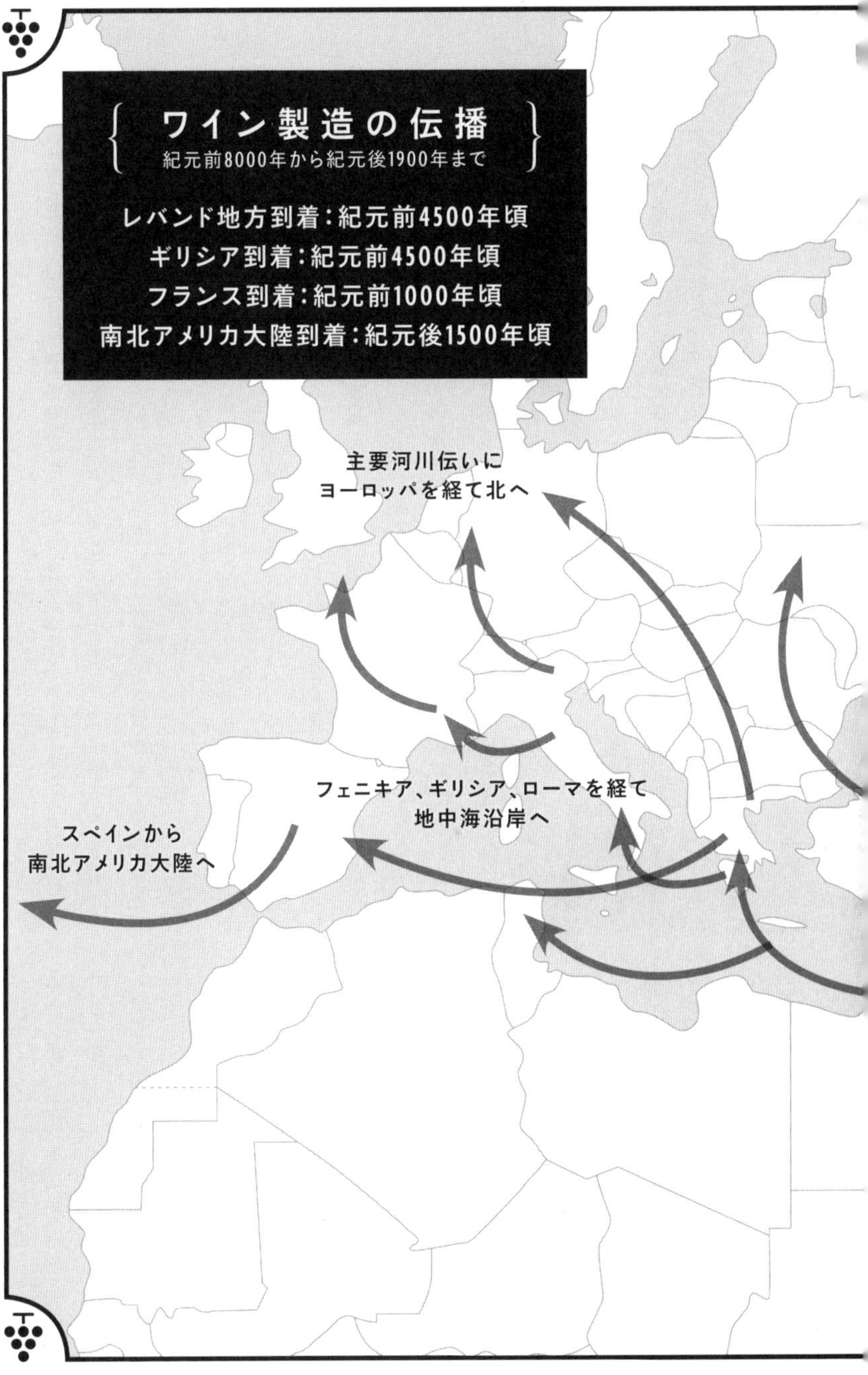

ワイン製造の伝播
紀元前8000年から紀元後1900年まで
レバンド地方到着：紀元前4500年頃
ギリシア到着：紀元前4500年頃
フランス到着：紀元前1000年頃
南北アメリカ大陸到着：紀元後1500年頃
主要河川伝いに
ヨーロッパを経て北へ
フェニキア、ギリシア、ローマを経て
地中海沿岸へ
スペインから
南北アメリカ大陸へ

こうした状況を一変させたのが、カリフォルニア大学デービス校のメレディス教授の研究チームだった。父子関係確定訴訟に携わる弁護士のように、科学の力で神話や風評を一掃したのである。家系図をたどっていくと、「外聞を憚《はばか》る」個性的な祖先――予想もしていなかった国や民族の出身あるいは宗教の持ち主がいたとわかる場合があるものだが、ワイン用ブドウの主要品種もルーツ探しを開始することになった。最初に有名品種の系統に関する確証が得られたのは一九九七年。主力赤ワイン用品種カベルネ・ソーヴィニヨンが、白ブドウ品種であるソーヴィニョン・ブランと赤ブドウ品種であるカベルネ・フランの系統を受け継いでいることが判明した。二つの品種が交雑したのは、一七世紀か一八世紀のフランス南西部のブドウ畑だったようだ。メレディスはこの新品種誕生を次のように記している。「たった一粒の花粉がたった一つの花について、たった一つの種からたった一本の木ができた。世界中のカベルネ・ソーヴィニヨンはこの唯一の祖先から生まれた」

一九九九年にはシャルドネのルーツも解明され、片方の親が劣等種とされてフランスの大半のブドウ畑で引き抜かれたり栽培を禁止されたりしたグーエ・ブランだと判明した。堅苦しいワインの世界では、これは言ってみれば英国女王の祖先がアイルランドの洗濯女だったと突然明らかにされたようなものだろう。グーエは一五三九年に、あるドイツの生物学者から二流のブドウ畑でしか栽培されない「劣等品種」と称されたほどなのだ。シャルドネの血統が明らかになったとき、『ニューヨーク・タイムズ』は関連記事に「高貴品種の下賤な血統」という見出しをつけた。世界で最も博識なワイン評論家とされるジャンシス・ロビンソンは、このニュースは「ワイン用ブドウの育種に関する我々のすべての先入観を覆した」と語っている。「普通は良質の子孫を残すには両親とも良質でなければならないと考えられていた」

ジンファンデルのルーツをめぐる論争は、死因審問《インクエスト》をもじって「ジンクエスト」と称されて、世界的な貿易戦争にまで発展した。この赤ワイン用品種がカリフォルニアに入ってきたのは一八二〇年代で、やがてカリフォルニアワインの代名詞となったが、のちには「貧乏人の飲み物」と評されることもあった。ジンファンデルがイタリアで栽培されているプリミティーヴォと同品種ではないかという説は一九七〇年代からあったが、証明することができなかった。論争の発端は、イタリアの一部のワイン製造者がプリミティーヴォワインをジンファンデルの名でアメリカに輸出することを思いついたことだった。同じものなのだから、そうして悪いはずがないと考えたのだろうが、アメリカのアルコール・タバコ・火器及び爆発物取締局は認めなかった。そして、結果的には、長年燻《くすぶ》っていたアメリカとEU間の貿易摩擦を激化させることになった。二〇〇一年に一応の決着をつけたのは、キャロル・メレディスの研究だった。

DNA解析によってカリフォルニアのジンファンデルは、イタリアのプリミティーヴォと同一種で、さらには、クロアチアでツーリエナーク・カーステラーンスキーと呼ばれている品種も同じものと判明した。この品種は最初、一五世紀のクロアチアでトリビドラグと称されており、『ワイン用葡萄品種大事典』はこの名称を採用しているが、現在でもそれぞれの国でそれぞれの名称が使われている。メレディスは四つの名称の頭文字を取ってZPCTと呼んだ。だが、最終的には、カリフォルニア側は同じ品種で製造したワインをイタリアやクロアチアがジンファンデルと称することにさほど抵抗を示さなくなった。

ヴィアモーズの話を聞いているうちに、少数の研究者たちが巨大ワイン企業から支援を受けずに画期的な研究を進めている理由がわかった。二〇一六年時点で、全世界で六八億ガロンのワインが生産され、販売額は三〇〇〇億ドルを超えている。「ワインに関する研究や執筆はすべて独立してやっている」とヴィアモーズは胸を張る。スイス政府機関から依頼されて植物遺伝学の研究もしているが、対象はワイン用ブドウ品種だけではないという。マクガヴァンとトルコへ調査旅行に行ったときには、途中で資金不足に陥ったそうだ。チグリス川の源流付近で、注目に値する雌雄同株の野生品種のDNA配列を発見して、この一帯のブドウとの重要な関連を突き止められるのではないかと期待したのだが、それ以上調査を進められなかった。

だが、たとえ困難でも、調査を完成させたいとヴィアモーズは夢見ている。「ブドウの栽培化という聖杯探しの旅は、現代の栽培品種と最初に栽培化された品種をつなぐことになる。栽培の歴史にも、遺伝学上にもいくつか空白がある。生きているうちに世界中のブドウ品種すべてのDNAを解析したい。そうすれば、すべてのつながりが理解できる。ヨーロッパの有名な品種や世界に名の知られた品種だけでなく、あらゆる品種のDNA解析をしなければならないが」

ヴィアモーズの言おうとしていることを想像してみた。八〇〇〇年前から続く家系図の四方八方に枝分かれした先にある小枝はそれぞれ別の品種で、別の個性を持っている。あらゆるブドウのDNAの二重螺旋が、パズルの一つひとつのピースなのだ。そんなことを考えながら、私はゲノム解析に関心を持つようになった経緯をヴィアモーズに語った。

DNAという言葉は聞き慣れていたが、理解できたのはマサチューセッツ州のウッズホール海洋生物学研究所で目から鱗《うろこ》が落ちるような体験をしてからだ。少人数のジャーナリストを対象とした二週間の講習の中で、サーフクラム（ホッキ貝）のDNAを抽出したのである。科学者や大学院生に助けてもらいながら、数えられた手順を踏んでいくと、やがてピペットの先に丸みを帯びたDNAの小さな塊が現われた。綿菓子に似ていた。無事に抽出できてほっとしたが、これが生命と歴史を物語っていると思うと、身が引き締まる思いだった。

DNAには過去の断片、すなわち、古代の藻類、植物、魚、哺乳類の断片的なコードが含まれている。コンピュータープログラムを使って、サーフクラムのDNAを現存する生物学的配列のデータベースと比較した。その結果、サーフクラムのDNAは、人類を含む陸海のほかの生物と同様、ヌクレオチドという基本単位を持ち、A（アデニン）、C（シトシン）、T（チミン）、G（グアニン）という塩基の組み合わせに至るまでまったく同じであることがわかった。

その後しばらく、同じゲノム構造を持っていると思うと、それまでのようにクラムチャウダーが食べられなくなった。この海洋生物学研究所での経験から、私が追い求めているクレミザンワインのルーツも科学の力で判明するのではないかと思った。コンピュータープログラム（ベイシック・ローカル・アラインメント・サーチ・ツールの頭文字をつないだBLASTプログラム）で、ヒトとブドウのDNAを比較する研究も行なわれており、一致する部分も発見されているという（国立ヒトゲノム研究所によれば、私たちのDNAの六〇パーセントはバナナと共通しているそうだから、これは驚くべきことではない）

食事を終えて、私はヴィアモーズのアパートメントを見回した。すっきり整頓されていて、玄関ドアのそばに冷蔵庫くらいの大きさの温度調節ができるワインセラーがある。なぜブドウにはこれほど多くのフレーバーがあるのだろうと私は訊いてみた。その方面は専門ではないと断りながら、ヴィアモーズはいくつか例を挙げてくれた。「ブドウにはそれぞれ独自の香りがあるが、同じ品種でも差異がある。有名な例がゲヴェルツトラミネールだ」ドイツやフランスで広く栽培されている薄いピンク色の果実をつけるブドウのことを私はほとんど知らないが、ゲヴェルツトラミネールワインは飲んだことがあった。ヴィアモーズによると、ゲヴェルツトラミネールはイタリアのトラミナーと同じで、フランスではサヴァニヤン・ブランと呼ばれており、古くからある品種だという。だが、一本のブドウの木のDNAに香りの突然変異が生じて、ライチの香りがするようになった。世界中のゲヴェルツトラミネールは、元をたどればこのたった一度の突然変異から生まれた。稀少品種が絶滅すれば、そのフレーバーも消える。もちろん、酵母や土壌、生産者の技術などさまざまなものがワインの特徴に影響を及ぼすが、あくまで原材料はブドウなのだから。

そのほか目に見えない要素でもフレーバーは変わる。生産量制限をすれば、風味豊かな果汁がとれるという説もあり、いずれにしても生産性はどのワイナリーでも大きな課題だ。ブルゴーニュ地方のガメイにあるブドウ畑の一部には、花崗岩の多い土壌に線虫が多く生息している。この寄生生物に近い小さいミミズのような線虫は、ウィルスを媒介する。「ガメイのブドウの木はこのウィルスにやられる。といっても、被害はそれほど大きくない。ブドウの活動を抑えて、生産量を減らす程度だ。つまり、自然の収穫規制となって、ガメイのワインの質を上げている」とヴィアモーズは言った。

私がクレミザンワインに惹かれた理由のひとつは、どこのワインショップの棚にもレストランのワインリストにもシャルドネ、メルローといったワインばかりが並んでいることだった。工業型農業が進んで、人気のある品種を集中的に栽培する傾向があるのは知っていたが、ヴィアモーズから聞いた話はもっと複雑だった。ワイン造りの歴史の大半において、典型的なブドウ畑は現在私たちが目にするものとまったく違っていたというのである。

「一九世末まで、伝統的なブドウ畑では、フランス人の言うところの『アン・フール』（大勢の中）方式で栽培していた。つまり、同じ畑に五種から八種の品種を植えていたんだ。それぞれ異なる時期に収穫するところもあれば、全部いっぺんに収穫するところもあった」熟練したワイン生産者は、異なった品種を植えることでフレーバーに奥行きを出そうとした。成熟の早い品種は遅い品種と釣り合いを保ち、甘味の強い品種は酸味の強い品種とバランスをとった。

ところが、一八六〇年代にフィロキセラ（ブドウネアブラムシ）という小さな害虫が異常発生して、ヨーロッパ各地でブドウの木が枯死した。そして、それが品種の多様性に大きな影響を及ぼした。新たに木を植え直すに際して問題が二つあった。「第一に、どの品種を植えるか決めなければならなかったが、多くの場合――フランスだけでなく、スイス、ドイツ、イタリアをはじめ至る所で、代々植えられてきた品種が忘れられる傾向があった。選ばれたのは栽培しやすい品種、とりわけ収穫量の多い品種だった。こうして、多くの地域で、古代からある伝統的な品種は見捨てられ、時には絶滅した」とヴィアモーズは言う。

「第二に、ブドウ畑の規模が大きくなったせいで、合理的に栽培しなければならなくなった。この列はカベルネ、あるいは、このブドウ畑はすべてこの品種と決めるようになった。ブドウ畑は厳しく管理され、ブドウの木は整然と植えられた。すべてが完璧でなければならず、中途半端は許されなかった。だから、この新しい栽培法では、たとえばカベルネ・ソーヴィニヨンのような偶発実生が起こったとしても、意図しない繁殖の産物は生き残れない」つまり、新たな栽培法が、新しいブドウ品種が根付く可能性を奪ったのである。

一八七〇年代に入ると、ブドウ畑で大量の殺虫剤をはじめとする化学薬品が使用されるようになった。フィロキセラを駆除し、ブドウの病気を防ぐのが目的だったが、それ以外の多くの昆虫や微生物もいなくなった。それだけではない。いわゆる「高貴品種」そして、その販売戦略が大成功したせいで、ヨーロッパ中で古くからある品種が栽培されなくなった。その後、EUが補助金を出して大々的な復活運動を実施したが、その名称は今から思うと不吉なものだった。「掘り起こし《グラブアップ》」計画である。一九七〇年代から最近まで、主としてフランスとイタリアで、数百万エーカーのブドウ畑が掘り起こされた。

考え方そのものは間違っていなかった。毎年ヨーロッパでは大量のワインが生産され、数百万ガロンが売れ残っていたが、莫大な費用をかけた計画を通して、余剰ワインを工業用アルコールに転換した。しかし、深刻な副産物もあった。伝統あるワイナリーは絶え間なく買収の危機にさらされるようになり、地元の稀少品種を栽培している小さなブドウ畑は姿を消した。国際的なワイン・コンサルタントや多国籍企業が、いっせいに「近代化《モダナイゼーション》」を唱え始めたのはこの頃だ。収益が見込まれるメルロー、シャルドネ、リースリングの栽培を提唱し、消費者はこうしたワインを求めていると説いた。

ここ二〇年で世界のワインは変わったとヴィアモーズは振り返る。三〇年ほど前にジュリオ・モリオンドという友人が、北イタリアの稀少ワイン品種に夢中になったときには周囲からからかわれたという。「ブドウ栽培研究所で彼が地元の品種をせっせと調べていたら、みんなに言われたそうだ。『やめたほうがいい。大昔の先祖が育てていたブドウなんかつまらない。それよりシャルドネやカベルネみたいな新しいものをやろう』」それでも、モリオンドは数十種の在来種の目録を作った。上司は関心を示さず、結局、二〇〇一年に彼は研究所を辞めた。

モリオンドが作った目録は破棄された。

「採集するのに一五年も二〇年もかかったというのに」とヴィアモーズは嘆いた。「地域に貢献したいと思っても、周囲の人間の理解を得られない時期もある」

「人間の愚かさが招いた悲劇だね」私は言った。

「それから二五年経った今になって、研究所ではまたゼロから採集を開始した。もったいない話だ」

ヴィアモーズによると、稀少品種に興味を持ったとしても、途中で生産量の多い品種に関心を移す栽培者は少なくないという。DNA解析を歓迎しない生産者もいる。二〇〇六年にヴィアモーズは、長年イタリア北部のトスカーナ地方でキャンティやブルネッロに最適な品種として栽培されてきたサンジョヴェーゼが、シチリア島に近い南部のカラブリアのブドウのDNAを受け継いでいることを発見した。

「それで、信じていたことを覆された生産者の反応は？」

「トスカーナの生産者は動揺していた」ヴィアモーズは苦笑した。トスカーナでは南イタリアを低く見ているから、カラブリアとのつながりは面白くなかったにちがいない。実際、DNA解析によって既成概念が破られると、ワイン生産者は強い反応を示すという。「強いというのは感情的という意味だ。彼らは長年栽培してきた品種を自分たちのものだと思っている。それだけの話だよ。大切な赤ん坊を奪われた親のような気持ちだろう」

それでも、何年か経つと、大半のワイン製造者は事実を受け入れるという。「その品種が土着のものではなく、隣の地域から、あるいは中央イタリアではなく南イタリアから来たものと聞かされて憤っていた連中が、数年後にはこう言うんだ。『助かったよ。今ではうちのワインに新しい宣伝文句ができて、前より売れるようになった』要するに話題性、販売戦略の問題にすぎない」

今でもさまざまな難題はあるが、最近はずいぶんよくなったとヴィアモーズは言う。一七世紀末から一八世紀初めには、イタリアの一部のワイン製造者は地元品種を誇りに思うどころか、使うことすら恥じていたそうだ。「『うちではカベルネを作っている』とか「うちではシャルドネを作っている」と自慢していた。だが、今では土着品種を持っているのは自分たちだけだと気づいた」『ワイン用葡萄品種大事典』が世に出てから、ブドウには実にさまざまな品種があって、研究し栽培できることが広く知られるようになった。アメリカのブドウ品種研究のために一肌脱いではどうかと、ヴィアモーズは冗談めかして私に勧めた。何世紀も前にスペインから新世界にもたらされた品種のルーツを探るわけである。

私は話題を変えて、ヴィアモーズとマクガヴァンの研究では、ワインの起源をかなり正確に把握できたのではないかと訊いた。研究はまだ初期段階にすぎないとヴィアモーズは答えた。例えば、ヨーロッパの主要品種の場合は関連性を把握できているが、「ブドウの栽培化の揺籃《ようらん》」となると話は別だという。「ジョージアでは――アルメニアでもそうだが――どのブドウ品種がその地域の『始祖品種』なのか正確なことは誰も知らない」それはイスラエルならびに聖地の品種にも言えることで、私が追い求めているクレミザンの品種がよくわからないことの一因であり、ドローリの研究にも裏付けられているという。

「始祖品種」という言葉は、『ワイン用葡萄品種大事典』の三人の著者がヨーロッパの有名な品種の祖先につけた名称だ。「限られた数の品種から今日我々が目にしている多様性が生まれた」とヴィアモーズは言う。『ワイン用葡萄品種大事典』の図表には、関連のある一五六の品種が挙げられており、無名に近いグーエ・ブランがヨーロッパのブドウ栽培の鍵を握っていたと説明されている。「僕は［グーエ・ブランを］ブドウのカサノバと呼んでいる。行く先々の国で子供をつくっているんだ」とヴィアモーズは笑った。

ヴィアモーズが共同設立したブドウ畑の見学は、彼の話に劣らず有益なものだったが、私自身の状況はまったく違っていた。山の中腹にあるブドウ畑を訪れたのは、爽やかに晴れ渡った朝だった。スイスアルプスの壮大な眺めを楽しむ余裕は私にはなかった。髪も手も服も埃だらけで、咳は出るし、足腰が痛い。高度約三〇〇〇フィートの地点に段々畑をつくるために石の入ったバケツを運ぶのに疲れ果てていた。ワイン雑誌には、みごとなブドウ畑やたわわに実ったブドウの木、樫の大樽の写真がよく載っている。背景にきれいに積まれた石壁が写っていることもあるが、役立たずの石運び人は見たことがなかった。

ワイン造りはコーカサスから西方へと伝播していったが、同時に北方にも広がった。その際、主要河川が理想的な通行路となった。ボルガ川、ドン川、ドナウ川、ローヌ川、ライン川、ロワール川周辺は、気候も土壌もワイン製造に適していた。輸入品種が地元の野生品種と交配して繁茂した。そういうことは専門家から聞いていたが、川の流れる山間の谷からはるか高みにあるブドウ畑に行くのがどれほど大変なことか誰も教えてくれなかった。少なくとも、私にとっては重労働だった。

スイスにはオーディオレコーダー、取材用メモ帳、カメラを携えてきたが、ブドウ畑で働く覚悟はなかったから、自業自得なのだろう。イタリア国境から一〇マイルほど離れたフィスプという町の近郊に「フィンエッシュ」というブドウ畑がある。ヴィアモーズがワイン愛好者たちと結成した非営利団体が所有する小さな畑で、稀少品種を栽培している。一九七〇年代にヨーゼフ・マリー・シャントンという醸造家が、フィンエッシュの敷地で数本のブドウの木を見つけ、繁殖させて畑に植えた。そのひとつの白ワイン用ブドウ品種、ヒムバートシャは絶滅寸前だった。当時は絶滅危惧種に関心を向ける人はほとんどいなかった。二〇一〇年、健康を害したシャントンは、これ以上続けるのは無理だと判断した。ブドウ畑は売るか放棄するかしかない。シャントンはヴィアモーズに電話して訴えた。「売るのも破棄するのもつらい。なんとかできないだろうか」二人はブドウ畑を維持するために出資者を募ることに決めた。すぐに三三人が約五〇〇ドルずつ出資してくれた。最終的に団体の会員は二倍に増えた。

これほど多くの多様な職業の人々が呼びかけに応じてくれたことにヴィアモーズとシャントンは

驚いた。稀少品種の存続を願っているのは科学者だけではなかったのだ。「週末にベルンやチューリッヒから、車で二、三時間かけて手伝いに来てくれる人もいる。みんな古いブドウ畑を救うプロジェクトを誇りに思っている」登り始める前にヴィアモーズから聞かされた。今ではシャントンは世界一のヒムバートシャをつくっていると鼻高々だそうだ。それは間違いない。世界で彼ひとりしか造っていないのだから。

午前中の時間はのろのろと過ぎて、私は積み上げるのにほんの少し貢献した一〇フィートほどの段に腰かけて休憩した。ブドウ畑の端には麓に向かって小川が流れている。渓谷を見渡すと、長い時間をかけて築き上げられた段々畑の光景に圧倒された。すべてワインのためだ。どんな重労働かわかった今、その途方もない努力に胸を打たれた。体中痛かったが、ボランティアとして参加できたことが誇らしかった。フィンエッシュには段々畑が一〇段以上あり、その多くが一〇〇年以上前に造られたものだ。原則として維持補修するだけですむが、石工職人の指導を受けながら、さらに数段を増やそうとしている。私が加わった作業班は、新たに積んだ石段の後ろの地面を平らにならしてブドウを植える場所をつくっていた。

昼休みには、粗挽きの木材を組み、粘板岩を葺《ふ》いただけの古い小屋のそばでピクニックテーブルについた。地元のワインを飲み、サンドイッチを食べる。同じ班にはスイス人ジャーナリストのフィリップ、元科学者のマックス、ベルンから来たベッティーナ、そして、クリストフ・ホルダーエッガーがいた。クリストフの話では、つい最近までこのあたりには雪が残っていたそうだ。今では石垣やブドウ畑の端の砂利道のそばに薄紫色の小さな花が咲いている。夏休みになると、もっと多くのボランティアが集まってくるという話だった。

昼休みが終わり、また石を取り除く作業を再開した。そろそろ体力の限界だった。早春のスイスは肌寒いのに、私はセーターを持ってこなかった。足を引きずりながら小屋に戻った。天井が低く、小さな窓があって、私ひとりなら横になって休めるくらいの小さなベンチがあった。フィンエッシュの会員から話を聞きたかったが、みんな作業に集中している。スイスの列車が定刻通り運行する理由がわかった。窓の外に目をやると、雪を頂いた山頂が遠くに見えた。麓の小道ははるか遠くで、時折そこを走る車はまるでおもちゃのようだ。

勤勉なスイス人の中で私だけ休んでいるのは気が引けたが、これればかりはどうしようもなかった。ワインの取材をするライターの中には、ブドウ踏みを体験したり、収穫期に夜明けとともに起きて朝露に濡れたブドウを摘んだりする人もいる。少数ながらワイン造りにチャレンジする人もいるそうだ。だが、石を運んだという話はあまり聞かない。雑草や害虫の除去、剪定、瓶詰め、梱包といったワインを消費者に届けるまでの作業を経験したライターもあまりいないだろう。やがて元気を取り戻すと、私は小屋を出て、石だらけの畑に戻った。

ヴィアモーズからワインの起源について教えてもらったが、石運びをしていると、ふとひらめいた。先史時代、ブドウの種を運んでいたのは鳥などの生物だった。そして、その後人間が引き継ぎ、このスイスの辺鄙《へんぴ》な山腹のような生息地を開拓した。つまり、私たちは何千年もの間ただワインを飲んでいたわけではないのだ。ブドウが新しい、そして、時にはもっと風味のいい品種になるよう進化を助けてきたのである。

ヴィアモーズとはボヴェルニエ村にも行った。人口八七五人の小さな村を訪ねたのは、そこに誰も気にもとめなかったブドウ品種を保存しようとした郵便配達員がいたからだ。谷間に新緑があふれ、近くの川では暗灰色の水がうねりながら流れていた。スイス人はこの流れを氷河乳濁水と呼ぶ。山岳地帯の広大な氷原は、ゆっくりと、だが、容赦なくその下の岩を削り取って、きらめく不透明な流れとなって谷を下っていく。

村の郵便配達員だった故ロジャー・ミショーが保存しようとした赤ワイン用ブドウ品種ゴロンの新酒を味わうのが楽しみだった。「この品種を守ろうとしたのは彼だけだった。村人たちからは、ほかにいくらでも育てやすい品種があるのに、そんなものにこだわるなんて物好きだと言われていた」とヴィアモーズは語る。二〇〇〇年代初めにミショーが亡くなると、ゴロンも姿を消した。

自治体職員のシャルタン・サラザンが、その後の経緯を誇らしげに説明してくれた。二〇一二年頃、観光事業を拡大して村の経済の活性化をはかろうという動きが出て、公的資金を活用して共同のブドウ畑をつくることになった。ゴロンを植えてはどうかと提案した人もいたが、反対意見もあった。栽培をやめたのはそれなりの理由があったからだというのだ。最終的にゴロンが復活したのは、ボヴェルニエはゴロンの地と古文書に記されているのだから、ゴロンを失うのは村に伝わる遺産を捨てるようなものだという意見が通ったからだった。その意見はエノロジスト（ワイン造りの専門家）にも支持された。こうして、近くの山腹に購入した五〇エーカーの土地でゴロンの栽培が始まった。

サラザンをはじめ、共同ブドウ畑計画を推進した村人たちが、格子垣を組んだ畑を案内してくれた。そのあと村に戻って、最初に収穫したゴロンで造った二〇一三年物を試飲する予定だった。帰路で車が白髪の老婦人を追い越した。黒っぽいパンツに明るいピンクのセーター、クリーム色のキルトのベストを羽織っている。車が急停止した。サラザンが興奮気味に説明するのを聞いて、ヴィアモーズが目を輝かせた。セシール・「フィフィ」・ミショー、誰も見向きもしなかった品種を守った郵便配達員の未亡人だった。九二歳だという。

ヴィアモーズは首を傾げてセシールの言葉に聞き入りながら、手振りを交えて次々と熱心に質問した。セシールは注目してくれたことを喜び、最初は遠慮がちに、だが、次第に屈託のない笑い声をあげながら、手のひらを上にして両手を差し出し、忘れられたブドウに対する亡くなった夫の情熱を語った。ヴィアモーズは何年も前に電話でミショーと話したことはあるが、顔を合わせたことはなかった。「なんてラッキーなんだろう」ヴィアモーズは憧れのハリウッドのスター女優に会ったティーンエイジャーのように興奮している。

村に戻って最新のゴロンを味わうことになり、マダム・ミショーは亡夫の造った一九九一年物を一本持ってきてくれた。石造りの建物の二階にある静かな部屋に隣り合って座ったヴィアモーズとマダム・ミショーの話はいつまでも尽きなかった。「今日は子供たちと過ごす予定だったが、こっちのほうが大事だ」とヴィアモーズは言った。

二〇一三年物のゴロンは、熟したチェリーの風味が豊かで、熟成させると素晴らしいワインになりそうだった。マダム・ミショーによると、夫は瓶詰めして寝かせておいたということで、私たちは一九九一年物を味わうのを期待していた。マダム・ミショーとヴィアモーズは、赤ちゃんを抱くみたいに古い瓶を大切そうに抱えて写真撮影のためにポーズをとった。ようやく味わう時が来た。ヴィアモーズはワインをグラスに注いで、香りを嗅いだ。笑みが消えた。

「コルク臭がする」と彼が言った。湿った黴《かび》臭いにおいや味がするのは、ごく微量の菌体成分TCA（2,4,6-トリクロロアニソール）のせいだ。ワインの一ないし五パーセントがこの被害に遭い、年間一〇〇億ドルの損失を業界にもたらしている。きわめて不快なにおいで、一リットル中わずか数ナノグラム（一ナノグラムは一〇億分の一グラム）含まれていただけでもワインをだめにしてしまう。ヴィアモーズは私にそのワインを試飲させてもくれなかった。

ヴィアモーズは冷静だった。「コルク臭なんてどうだっていい。いっしょにコルクを抜いた。それに意義がある」マダム・ミショーと出会えたことを何より喜んでいた。実際、マダムはひとつだめだったくらいで一日をふいにするような人ではなかった。

みんなで夫のブドウ畑を見に行こうと誘ってくれた。私はまたアルプスの美しい景観が見られると期待した。だが、谷を突っ切って車が止まったのは、どこにでもあるような駐車場だった。坂を上り、鉄道線路を越えた。山腹に貼りついたような小さな畑は、錆びた門に南京錠がかかっていた。亡き郵便配達員はここで珍しい品種を根気よく栽培していたのだ。石ころだらけの地面は土壌と呼べるほどのものではなく、砕けて灰色の塵になっている石もあった。ロジャー・ミショーが妻に次いで生涯愛したのは、ほかの国なら空き地かゴミ捨て場になっているような土地だった。彼はこの土地を買い、小さな段々畑をつくって、一日の大半、日も差さない谷間でブドウを育てた。

ブドウ畑は線路から一〇フィートと離れていないところにあり、山腹に三〇フィートほど上っている。一段ずつ石垣がきちんとつくられていて、ぐらぐらする踏み石を敷いた小道を上っていくと、一〇〇フィートはありそうな切り立った岩壁にぶつかった。ブドウ畑の頂上には、谷を見下ろす狭い台地があった。すべてが青空と緑の山腹を背景にして夕方の影に包まれていた。私はミショーの粗末な小屋のそばに立つヴィアモーズの姿をカメラに収めた。うっとりとした表情を浮かべている。まるでフランスの一級《プルミエ・クリュ》のブドウ畑を見学しているかのようだ。小屋の壁に古い新聞の切り抜きが貼ってあって、手入れされていた頃のブドウ畑の写真が載っていた。見出しは「アフィン・ク・ラ・テール・ヌ・ムール」、「この土地を死なせないために」という意味だ。ミショーは誰も欲しがらないような土地を買ってブドウ畑をつくり、その行動を通じて村人たちを奮起させた。

この五〇年で小さなブドウ畑がどれだけ消えただろう？　数千？　いや、数万だろうか。スイスではブドウ畑を相続しても、大企業に貸す人が多いとヴィアモーズから聞いた。今の時代に独立した醸造家として生計を立てるのは難しいうえ、使える時間の大半をブドウの世話に充てようという人は少ないだろう。アルプスで石運びをした私には、それがよくわかる。

Tasting

スイスには素晴らしいワイナリーがたくさんある。長年輸出には力を入れてこなかったが、最近は変わりつつある。ここに挙げたのは個性的な地元品種から造ったワインだ。手に入らないようなら、ヴィアモーズが住んでいるヴァレー州のものを探してみてほしい。

◆ケラーライ・シャントン、ヴァレー州
・ヒムバートシャ（白）
・ラフネットシャ（白）

◆シモン・メイ&フィス、ヴァレー州
・シラー

◆ロメイン・パピユード、カーブ・デュ・ヴィユー・ムーラン、ヴァレー州
・パイヤン・ドゥ・ヴェトロ（サヴァニャン種から造った白）

そして、ヴィアモーズがもうひとつの国で発見した稀少ワイン

◆ヴラニミル・チェバロ、クロアチア
・Grk（雌花だけの稀少品種から造った白）

6章　フレーバー、テイスト、マネー

悪いワインは嫌いではない、とマウントチェズニー氏は言った。
いいワインには飽きてしまう。
――ベンジャミン・ディズレーリ、小説『シビル』より、一八四五年

クレミザンワインの謎を追っているうちに、根本的な疑問が湧いてきた。私が味わったのは実際にはなんだったのか？　ワインの種類やブドウ品種といった問題ではない。そういうことにこだわっていた時期もあったが、私が知りたいのは脳がワインをどう処理しているかだ。最新の研究によると、ホテルの部屋でクレミザンワインを飲む前から、私の味覚はなんらかの先入観に影響されていたというのだ。

神経科学者のゴードン・シェファードは、従来の風味の捉え方はいくつか重要な点を取り違えていると考えている。風味は食物が備えているものではなく、脳がつくり出した食物にあるというのが彼の考え方だ。シェファードはイェール大学医学部の教授で、ハーバード大学で医学士号を取得したあとオックスフォード大学で哲学博士号を取得している。彼の考え方に従うなら、あるワイン

がいわゆる「プロンク」（質の悪い安いワイン）なのか、評論家が一〇〇点満点をつける最高ワインなのかという判定も従来とはまったく違ってくる。

シェファードは脳をリアルタイムスキャンして、ワインを飲んだりポテトチップスを食べたりしたときに脳のどの領域の活動が活発になるかも調べた。そして、二〇一五年の「ニューロエノロジー：脳はいかにワインの味わいをつくり出すのか」と題した論文にワインを飲む前、飲んでいる間、そして、飲んだあとも脳の複数の領域が活動しており、「ほかのどんな行動よりも脳の多くの領域を使っていると思われる」と書いている。

はっきり断定こそしていないが、そこに示されたデータには信憑性がある。風味体験は口を開く前から始まっているとシェファードは言う。「第一段階は……頭の中だけで起こっており、具体的には、ワイン全般に関するこれまでの蓄積された経験、これから味わう特定のワイン、もしくは、ワインを飲むことへの期待である。したがって、ワインの期待される風味は、もっぱら視覚と想像力によるものである」（傍点筆者）。

この説に従うなら、私のクレミザン体験は先入観の影響を受けていたわけだ。あの夜、私は疲れていた。ラベルに惹かれて、ふだんは飲まない部屋に備え付けのワインを飲んだ。あのとき私の脳内でどの領域が活性化していたのだろう？　長年ワインを飲んできたが、こんなことを考えたのは初めてだった。

もちろん、シェファードは先入観だけで風味が決まるとは言っていない。視覚（ワインの見た目）や音（ワインが泡立つ音やバックグラウンドミュージック）、匂い（これが味わいを大きく左右する）といったさまざまな感覚が働く。嗅覚が働くのはグラスを回してワインの香りを嗅ぐときだけではない。飲み込んだあと、喉から鼻腔に匂いの第二波が広がっていく。匂いが鼻に抜けないと、風味はほとんどわからないという。

二〇一四年にフランスの研究チームが、ソムリエ一〇人と年齢も性別もほぼ同じ一般人一〇人がワインを飲んだときの脳の活動を比較している。MRI検査の結果、いずれも複数の部位が活性化していた。島皮質、弁蓋部、眼窩前頭皮質で、いずれも味覚や嗅覚を司る領域である。ただ、ソムリエの場合は脳幹も活性化していた。つまり、ソムリエはワインを口に含んだ瞬間から、記憶の中のさまざまなタイプのワインと相互参照していたのである。言い換えれば、ソムリエは訓練によって脳がワインを処理する方法を変えたわけだ。「ソムリエは過去の経験による味覚や嗅覚からの情報を統合する能力を高めることで、ワインの味の微妙な違いを識別できる」と研究チームは結論づけている。

だが、必ずしもソムリエが鋭い味覚の持ち主というわけではない。風味や匂いの記憶には個人差がある。たしかにソムリエは風味を感じ取る際に過去の経験を活かせるが、同じ食べ物や飲み物でも風味の感じ方に差があることは新しい研究でも裏付けられている。味を感じ取る味蕾《みらい》は個人差が大きいのである。したがって、自分が夢中になったワインを吹聴するのは、デ・クーニングの絵が好きな人に向かってレンブラントの絵を称賛しているようなものかもしれない。

ワインバーでグラスを傾けたり、店でワインを選んだりしているとき、その場で流れている音楽を気にとめたことはあるだろうか。フランスとドイツの音楽を交互に店内に流して、フランスワインとドイツワインの売れ行きを調べるという実地調査が行われたことがある。フランスの音楽をかけるとフランスワインの売れ行きが伸び、逆にドイツの音楽をかけると売れ行きが落ちた。客はどのワインを買うか決めるとき音楽の影響を意識しているわけではないだろうが、研究グループは店内に流す音楽の民族的な問題が提起されたとしている。

二六人の被験者にクラシック音楽を聴きながら、あるいは、バックグラウンドミュージックなしで三種類のワインを飲んでもらったところ、「沈黙の中でワインを飲むよりは、音楽を聴きながら飲んだほうがおいしく感じられ、その体験をより楽しむことができた」という意見が圧倒的に多かった。さらに、二四人の被験者にワインと音楽の相性を判定してもらう実験も行なったところ、モーツァルトのフルート四重奏曲第一番ニ長調は白ワインに、チャイコフスキーの弦楽四重奏曲第一番ニ長調は赤ワインに合うという点でほぼ全員の意見が一致したという。

しかし、風味や香りは心理的な要因だけで決まるわけではない。二〇〇七年にフランスとイタリアの研究チームが『ネイチャー』誌に寄稿した論文によると、ブドウには近縁種のポプラやイネより多くの風味生成遺伝子があるという。たとえば、ブドウの蔓にはテルペノイド（樹脂、精油、アロマの一種）の生成を促す機能遺伝子が八九あるが、ポプラは三〇ないし四〇。さらに、ワイン用ブドウにはレスベラトロール（ポリフェノールの一種）の生成を促す遺伝子が四三あって、健康促進効果があるとされている。研究チームは近い将来、多様なワインのフレーバーをゲノムレベルまで解析できると予測している。

最近はごく微量のフレーバーも実験室で検出できるようになった。二〇〇八年、オーストラリアの研究チームは、赤ワイン用品種シラーに胡椒の風味をもたらす化合物を突き止めた。「ロタンドン」と呼ばれる化合物で、ブドウの場合は皮にしか含まれていない（胡椒のピリリとした味もロタンドンによる）。ワイン一〇億分の二の濃度のロタンドンが含まれているだけで、胡椒の風味を感じ取れる人もいる（一〇億分の二の濃度は、容量九〇〇〇ガロンの液体タンクローリーにわずか一滴に相当する）

その一方で、これよりはるかに高い濃度でも、約二五パーセントの人はロタンドンを感知できない。イギリスのワイン科学者で評論家のジェイミー・グッドは、風味に関する講義を始めるに当たって、学生に溶剤に浸した吸い取り紙を学生に舐めさせた教授の話を紹介している。約四分の一の学生はまったく味を感じないが、半数は苦みを感じ、残る四分の一はきわめて不快な強い苦みを感じたという。つまり、人間の味覚には生物学的（そして、おそらく遺伝的）差異があるとのだ。極度に鋭敏な味覚を持つ人は「超味覚の持ち主《スーパーテイスター》」と呼ばれる。

先に挙げた絵画の例を繰り返すなら、自分のワインの好みを他人に押しつけるのは、色覚異常の人にマティスの絵を見せるようなものかもしれない。アメリカ女性の約三五パーセントはスーパーテイスターだが、男性は一五パーセントにすぎない（ちなみに色覚異常は男性のほうが多い）

ワインに対する感想や評価は、ワイン愛好家の間でも、そして、ワイン評論家の間でも、実にさまざまだ。どれほど注意深く、どれほど率直に風味を描写したとしても、個々の人間によって感じ方は異なる。しかも、それだけではない。歌にあるように、「金はすべてを変える《マネー・チェンジズ・エブリシング》」のだ。

スタンフォード大学で、ブラインドテイスティングで同じワインを二度出して、最初は九〇ドル、二度目は一〇ドルのワインと告げる実験をしたところ、大半の人が最初のほうがおいしいと答えた。こんな話もある。フランスの上質のロゼワインを一本三ドルという破格の安値で買い付けたソムリエが、グラス三ドル、ボトル一〇ドルという値をつけて、さぞ客が喜んでくれるだろうと期待した。だが、まったく売れず、店のオーナーに渋い顔をされた。捨てるわけにもいかず、グラス七ドル、ボトル二八ドルと値を上げてみた。たちまちそのワインは一番人気となり、六ケース分が一週間で売り切れた。

同じ白ワインの一本にはカリフォルニアのワイナリーのラベル、もう一本にはノース・ダコタのワイナリーのラベルを付けて評価を比べるという実験も行われた。その結果、「カリフォルニア」ワインのほうが圧倒的に高い評価を得た。同じ白ワインを二度提供して、二度目は無味の赤い着色料を混ぜて出すという意地の悪い実験もあった。赤ワインと勘違いした人が少なからずいたそうだ。

しかし、直感が正しい場合もないわけではない。その例として、ハーバード大学の科学史教授スティーヴン・シェイピンは、『ドン・キホーテ』の一節を挙げている。大樽のワインの質に疑問を抱いた村人たちが、ドン・キホーテの従者サンチョ・パンサに意見を求める。すると、サンチョはこう答える。

……俺の親戚に、父方のほうだが、ワインの味のよくわかるやつが二人いて、ラ・マンチャじゃ、昔からよく知られてた。どれだけすごかったか話してやろう。大樽から取り出したワインの鑑定を頼まれたんだ。樽の中はどうなってるか、ワインの質はどうか、いいワインか悪いワインかってな。一人は舌先で舐めてみた。もう一人は鼻を近づけただけだった。最初のやつは鉄の味がすると言い、二番目はコードバン（革）のかなり強いにおいがすると言った。ワインの持ち主は、大樽はきれいに洗ってあるし、鉄や革の味やにおいのするものなんか入れなかったと言った。それでも、二人の目利きは自説を曲げなかった。時が経ち、そのワインは売れて、大樽を洗う段になって、革紐にぶらさげた小さな鍵が見つかって……。

ワインの世界ではマーケティング戦略や誇大広告に踊らされることも多いが、ひとつうれしいことに気づいた。あまり名の通っていないワインの思いがけない利点である。世間から忘れられた品種で造ったワインには、（少なくとも今のところ）とんでもない高値はつかない。私はもっぱら小規模なワイナリーのハンドクラフトワインを飲んでいるが、フランスの有名ワインやカリフォルニアワインとは比較にならないほど手ごろな価格で手に入る。一本一五ドルから四〇ドルといったところで、この値段でユニークな経験ができれば儲けものだろう。もし気に入らなくても、この価格帯なら諦めがつく。

年代物の有名ワインの驚くほどの高値は問題だ。たいていの人には手が出ないから味わうチャンスがない。たとえば、ブルゴーニュのドメーヌ・ド・ラ・ロマネ・コンティは、しばしば世界一のワインと称され、理論上の価格は一本数千ドル。理論上と断ったのは、普通の方法では買えないからだ。新酒は長年つきあいのある卸売業者だけが参加できる不透明なプロセスを経て世に出る。卸売業者のリストに名前を載せてもらうか、オークションで競り落とすか、ワインの先物取引に投資しないかぎり手に入らない。言い換えれば、大金を先払いして待つしかないわけである。

フランスの詩人シャルル・ボードレールが一八五〇年代に書いた次の節は卓見と言えるだろう。

「ワインは人間に似ている。褒められるのも貶《けな》されるのも、愛されるのも憎まれるのも紙一重、崇高な行為も非道な行為もできる。それなら、ワインに対しても人間に対する以上に残酷にならず、同等に扱おうではないか」

では、古代人はワインをどんな基準で評価していたのだろうか。品質を重視していたと思われる資料がいくつもある。たとえば、二〇〇〇年ほど前に大プリニウスはワインの違いをこんなふうに説明している。「誰にも疑義を抱けない事実は、ある種のワインがほかのワインより口に合ったり、樽のせいかそれ以外の偶発的状況のせいかわからないが、同じ樽で造っても不出来なワインができたり飛びきりいいワインができたりすることである」次に続く一文は、私たちが今でも直面するジレンマだ。「だから、私はすべてのワインを語ろうなどとせず、もっとも注目に値するものだけを……」

古代ギリシアのアテナイオスは『食卓の賢人たち』の中で、ロバート・パーカーが創刊した有力なワイン専門誌『ワイン・アドヴォケイト』に匹敵するワイン評論を展開している。「マグネシアの甘美な恵み、そして、タソス島のワイン、これらにはリンゴの匂いが漂っていて、私はすべてのワインの中で群を抜いて優れていると思う。唯一の例外はキオス島のワインで、これは非の打ちどころがなく、健康にもよい。ほかにも、いわゆる『まろやか』ワインがあって、瓶を開けると、瓶の口から菫《すみれ》、薔薇、ヒヤシンスの香りが湧き上がる」

人間は進化の早い段階、すなわちブドウを栽培し始めるはるか前に、嗜好を発達させたとされている。イスラエルを離れたあと、私はガテの遺跡で発掘調査を続けている考古学者アレン・マイヤーに電話して、人間の味覚について質問した。マイヤーの説明によると、狩猟採集社会でもはっきりとした食べ物の好みが見られるという。当てもなくさまよって手に入るものを食べていたわけではないのだ。

マイヤーは南アフリカのブッシュマンの例を挙げた。「彼らは狩猟や採集で幅広い食物を手に入れられるが、気に入ったごく限られたものしか選ばない。それ以外の食物は、よほど特別な状況、たとえば好みの食物が手に入らないときや旱魃《かんばつ》のとき以外は食べない」

さらにマイヤーは、最近の発掘調査から古代人が豊かな味覚を持っていたことがわかったと言った。二〇一三年にイスラエル北西のテルカブリで、三六〇〇年前の宮殿跡からワインセラーが発見された。テルカブリは地中海から三マイルのところに位置し、レバノン国境に近い。六万六〇〇〇平方フィートに及ぶ敷地はイスラエルで発見されたこの時代の宮殿としては最大で、おそらく土地の有力な指導者の住まいだったと考えられる。五〇リットルは入る大きな保存瓶四〇本にワインの残留物が見つかった。大半は赤ワインで、蜂蜜、シダーオイル、ビャクシン、そして、おそらくミント、ギンバイカ、シナモンをさまざまに組み合わせて風味付けされていた。「こうした複雑な飲料を造っていたということは、植物に対する理解はもちろんのこと、保存の知識や嗜好と精神作用のバランスをとる高度な調合技術を持っていたと考えられる」と複数の大学から成る研究チームは

古代エジプトのワインの「ラベル」

結論づけている。要するに、富裕層は今も昔も多様な味を求めていたのだろう。

ワインの「ラベル」も私が想像していたよりずっと前からあった。スウェーデンのエヴァ・リナ・ワールベルクは、古代エジプトのワイン瓶のラベルに関する修士論文の中で、四四四のラベルを分析している。その中には宮殿都市やツタンカーメン王の墓、労働者の村で発見されたワインのラベルもあった。

ヒエログリフで書かれたラベルには、醸造所、ワインの種類、そして製造者名まで記されていた。さらに、用途によって、供物用、納税用、歓楽用と分かれていた。一例を挙げてみよう。

製造年　五年
アトンの地所で製造された甘口ワイン
醸造所責任者　ラモーゼ

このほかにもハッティ、ジュー、ホリといった製造所責任者名や、「数百万年の神殿にある醸造所……アムンの地所、すなわちウセルマアトラー・セテプエンラー川沿い」や「南オアシスのアトンの地所の非常に上質のワイン」といった説明書きがあった。私がクレミザンワインにこだわるように、古代エジプト人も特定の醸造所に思い入れを抱いていたのだろう。

ワインのフレーバーとアロマを決める要因として、私はこんなリストを作成してみた。ブドウの品種、ブドウの樹齢、栽培した土壌、そのシーズンの降雨量、気候と渇水期、土壌中の微生物、ブドウに寄生する線虫などの生物、線虫内のウィルスや微生物、収穫時期、ブドウを圧搾し、発酵させ、貯蔵するときに使用する石、粘土、木、ステンレススチール、プラスチックの種類、これらの工程時の温度、アンフォラや樽や瓶の密閉法、保存期間、ワインを飲む人の気分、ワインを飲む人のDNA、各個人の味蕾、飲む前にそのワインについて読んだり聞いたりしたか否か、ワインの値段を知っているか否か、グラスもしくはデキャンターへの注ぎ方、部屋の照明や音楽、そして、おそらく私たちがまだ知らない諸々の要因。もちろん、酵母と発酵の役割も調べなければならない。いくつかの項目に済みのチェックを入れても、調べなければいけないことは増える一方だ。

ワインにも人間にも多種多様なタイプが存在するから、熱狂的ワイン愛好家ばかりでなく、さほどこだわらず気軽にワインを楽しむ人がいても不思議はない。スーパーテイスターは生まれながら前者の候補者で、微妙な違いにも躍起になる。平均的な味蕾の持ち主である大多数の人は、ほどほどのシャルドネやメルローで充分満足できるだろう。それでもいい気分になれるし、誰もがあらゆるフレーバーを味わえるわけではないのだから。

7章　コーカサス

汝は花開いたばかりのブドウ畑
若く、美しく、エデンの園で育まれ
汝そのものが太陽、燦然と輝く
——『汝はブドウ畑』ジョージアの伝承歌、一一〇〇年頃

私は大きな川の岸に立っていた。山から流れ落ちる雪解け水は、花崗岩や石英のかけらを含んで白濁している。山頂には雲がかかり、霧が立ち込めていた。アラヴェルディ修道院の黄土色の塔が近くにそびえ、修道院を囲む高い石垣が早春の野原に黒く浮かび上がっている。不毛の地を縦断していくファンタジードラマ『ゲーム・オブ・スローンズ』の撮影場所になりそうな風景だ。南コーカサスのジョージア共和国。アナトリア豹やクマ、オオカミ、オオヤマネコ、イヌワシが生息する自然豊かな、そして、時として危険な地帯だ。ホセ・ヴィアモーズがめざす「聖杯」ブドウ品種は、この近くにあるのだろうか。「ワイン用葡萄品種の母」が見つかる可能性がもっとも高いとされているのは、ロシア南部からトルコ東部、アルメニア、イラン北部に広がる一帯、地図上では幅約二〇〇マイル、長さ約五〇〇マイルの地帯だ。コーカサス地方に関する論文は読んだことがあるが、

実際にこの地に立つのとは大違いだ。今さらながら、ワイン用品種の家系図を解読するに当たって研究者が直面する現実世界の挑戦を思い知らされた。

コーカサス山脈は標高一万五〇〇〇フィートを超え、氷河湖や亜熱帯の渓谷が点在している。手つかずの地だが、植物学上も人間の往来でも、中央ヨーロッパ、中央アジア、中東の交差点だ。チグリス川とユーフラテス川の源流は、トルコ東部のコーカサス山脈の麓にあり、二つの大河はそこから「肥沃な三日月地帯」と呼ばれるバビロンやウルといった古代文明が栄えた地帯へと流れる。私が今いる場所から北へ三五マイル行けばチェチェンとの国境、南へ六〇マイル行けばアルメニアに入る。最近のジョージアの政局は安定しているが、二〇一七年にアメリカ国務省はこの一帯への渡航を禁止した。「チェチェンおよび北コーカサス地方への**渡航禁止**。その地域に居住している場合は、**速やかに**出国すること」（太字は原文のまま）。

アラヴェルディ修道院はジョージアのカヘティ州にあり、近くの山にはクシュと呼ばれる遊牧民が暮らしている。クシュ族と暮らした経験のある人類学者フロリアン・ミュルフリードは、部外者には彼らの宗教を理解するのは難しいという。「私たちはキリスト教徒だけれど、石も崇拝している」とクシュの年配女性は語ったそうだ。石とは山の上の石造りの神殿のことだと、ドイツのマックス・プランク社会人類学研究所で学んだミュルフリードは説明している。羊を飼い、狩猟と採集で生活しているクシュの人々は、かつてこの地域は人食い鬼に支配されていたが、「神の子たち」と呼ばれる軍隊が鬼を駆逐したと信じているのだ。

山の上の石の神殿には、この解放者たちが祀られている。夏祭りには男たちが神殿を詣でるが、あたりはさながら戦場だとミュルフリードは書いている。「男たちは祈りを唱えながら、切り落とした羊や山羊の頭を肩越しに放り投げ……それが血まみれの死骸のそばにごろごろ転がっている」祭壇にはワインや焼き菓子が供えられ、男たちは「この神殿がなければ我々は滅びる」と唱えながらワインを飲み干す。女性はとりわけ月経期には神殿に近づけない。ヴィアモーズから聞いたアルメニアの洞窟を思い出した。六〇〇〇年前にワイン醸造所があったというあの洞窟は、アラヴェルディ修道院の南方数百マイルのところにある。

アラヴェルディ修道院までは、滞在していたジョージアの首都ティビリシから車で一時間ちょっと。途中、運転手が道路際の小さな農場で止まった。年配の女性が地面に埋めた煉瓦造りの丸い窯をのぞき込んでいた。窯に立てかけた板の上でパン種が膨らんでいる。それを窯の縁に貼りつけ、しばらくして剥がすと、香ばしいパンができあがる。自家製チーズといっしょに買って食べてみると、塩味が利いていて歯ごたえがあった。

一七〇フィートもある先端が円錐形の修道院の小塔は、数マイル先からも見えた。教会が建てられたのは一五〇〇年ほど前で、異教徒である山岳部族を改宗させるためだったが、「石崇拝」を別にすれば、その目的はほぼ達成できたと言えるだろう。それから約一〇〇〇年間、この小塔はジョージアで一番高かったが、最近、それより高い塔を持つ教会が建てられた。修道院を囲む石垣は、場所によっては一五フィートもあり、正面から見ると、銃眼のある胸壁が包囲攻撃に備えた要塞を思わせる。実際、そういう造りにする必要があったのだ。ジョージアはローマ軍、イスラム軍、モンゴル帝国のジンギスカンに相次いで侵攻された。一六〇〇年代初めには、ペルシャのシャー・アッバース一世の攻撃を受けて、アラヴェルディ修道院は一ヵ月にわたって戦場と化したと言われている。オスマン帝国の時代には、修道院の壁に描かれた巨大な聖画像が塗りつぶされた。二〇〇八年にはロシア軍がジョージアの一部に侵攻している。

アラヴェルディ修道院を訪れたのは、今でもここでは古代の製法でワイン造りをしているからだ。ブドウを茎も含めて丸ごと使ってワインを造り、クヴェヴリと呼ばれる大きな素焼きの壺に入れて地中に埋める。クヴェヴリは古代エジプトやギリシア、ローマで、ワインの製造・貯蔵に使われていたアンフォラの原形と考えられている。木樽が広く使われるようになったのはその後のことで、二〇〇〇年ほど前からだ。オーク樽がワインに木の香りをつけるように、クヴェヴリも特有の土の風味を加え、熟成にも影響する。

近くで見ると、修道院の石垣は焼けた赤褐色と灰色に変色した中にくすんだ赤銅色の混じったモザイクだった。アーチをくぐると、広い中庭に出た。廃墟のようなところもあるが、補修したところやまだ新しい建物もあって、草地では若い果樹が葉を広げていた。小道の石の隙間に鮮やかな緑の苔や地衣類が生えている。濃い茶色の鬚《ひげ》をたくわえたゲラシム神父が出迎えてくれた。正教会の黒い法衣をまとった神父は、穏やかだがきっぱりした話し方をする。小道を進みながら、神父は小さなブドウ畑を指さした。

「現在は一〇四品種を栽培しています」と言うと、よそのワイナリーで栽培されなくなった品種ばかりだとつけ加えた。「簡単なことのようですが、決してそうではありません。すべてがブドウ畑の世話から始まるのです。ここでは殺虫剤や化学添加物はいっさい使っていません」といっても、ここ一五年ほどの間に人気が高まってきたワイン造りとは一線を画しているという。「ナチュラルワインやバイオダイナミックワインとは違います。ジョージアのカヘティに代々伝わってきた製法――世界最古の製法で造っています」

「ナチュラルワイン」とは、殺虫剤を使わず栽培したブドウを原料として、腐敗を防ぐために少量の二酸化硫黄を使う以外、いっさい添加物を加えず造ったワインを指す。「バイオダイナミックワイン」は、有機農法の一種であるバイオダイナミック農法で栽培されたブドウを原料としたナチュラルワインだ。一九二〇年代にドイツで始まったバイオダイナミック農法は、土、植物や樹木、そこに生息する動物や昆虫とのつながりを重視し、天体暦に従って植え付けや収穫の時期を決めている。

コーカサス地方には今もあちこちに古い儀式が残っている。毎年、九月になると、イスラム教徒も含めてさまざまな宗教を信仰する人々が、ジョージア中からアラヴェルディ修道院に集まってきて、「アラヴェルドバ」を祝う。この祭りの期間は現在では一週間ほどだが、昔は数週間続く収穫祭で、もともとは紀元前の月信仰カルトの祭りだったそうだ。アラヴェルドバに関しては、文化人類学者や教会史家の間で研究が進んでいる。

この祭りに修道院側は複雑な反応を示している。具体的な期間に関しては議論が分かれるが、長年にわたって生贄を捧げる習慣があり、教会の内外で家畜が処分されていたからだ。一九六二年に撮影されたソビエト時代のドキュメンタリーには、ワインで祝杯をあげる村人にまじって、羊などの家畜を連れてくる農民の姿が映っている。祭壇室の隅に血まみれで転がっている二頭の雄羊を大写しにした凄絶な白黒映像もあった。その羊を運んでいく男の姿も映っていた。修道士たちは教会を貶めようとするソビエトの虚偽報道だと暗に指摘するが、一部の研究者は古代の月信仰カルトの祭りが起源だろうと推定している。遊牧民クシュの石信仰やアルメニアの洞窟の醸造場と同じ頃から続いているのだろう。

修道院に廃墟を残しているのには理由があるとゲラシム神父は説明してくれた。そして、主祭壇室の外にある低い石垣で囲まれた広い一角を指した。古代のワイン圧搾桶だという。考古学者の調査によると、六世紀頃のものだそうだ。幅約二〇フィート、奥行き約三〇フィートと圧搾桶にしては並はずれて大きいのは、石管を使って水を引き入れ汚水を排出して、大量のブドウを圧搾していたからだろう。ジョージアのワイン造りは「祖父から孫へと代々受け継がれてきた伝統」だと神父は言う。「三、四歳のとき、祖父や父がワイン貯蔵庫に行くたびに連れていってくれたのを覚えています。ワインは人間を生まれた土地につないでくれる。昔からずっとそうだったのです」

なぜジョージアではブドウやワインが他国より重要な地位を占めているのだろうと私は訊いた。ジョージアでは現在も多くの農家がクヴェヴリを使って自家製ワインを造っている。神父は少し考えてから、あの古い圧搾桶があった場所がヒントになるかもしれないと言った。あの祭壇室は教会で一番古くからあるが、昔の醸造所に隣接していた。おそらくワインは宗教儀式の一部だっただけではなく、ブドウ畑そのものが祭壇の一部だったのではないかというのが神父の意見だった。だが、私はこんなふうに考えてみた。ジョージアでは異教の古い儀式をキリスト教に採り入れてきた。ワインやブドウがキリスト教やユダヤ教で象徴的な意味を持っているのは、そうした古い伝統の継承なのかもしれない。

アラヴェルディ修道院は少し前まで崩壊の危機に瀕していた。ソビエト軍が修道院をトラック修理工場として使っていたせいで、今でも錆びた部品が敷地から出てくるという。一帯のブドウ畑にとっても試練の時期だった。ジョージアはソ連やウクライナに大量のワインを供給していたが、工場生産の安価なワインが主流だったからだ。およそ二〇年後、ソビエト連邦が崩壊してからは、多国籍のワイン・コングロマリットがジョージアに関心を向けるようになったが、コンサルタントは地元品種ではなく、シャルドネやメルローといったブランド品種の栽培を勧めた。だが、アラヴェルディの修道士やジョージア政府の専門家は、ジョージアワインが個性を失ったら、フランスやチリ、ニュージーランドといったワイン大国との競争に勝てるわけがないと反論した。

修道院の醸造所を再建した当初、ゲラシム神父はアラヴェルディワインが広く受け入れられるか不安だったという。長年、修道院には設備を整える資金がなかったから、売り物になるワインを造れるか自信がなかった。「でも、ワインを試飲した観光客はとても喜んでくれました」ゲラシム神父は笑みを浮かべた。やがて、地元の人々も価値を認めてくれるようになった。「伝統的なワイン造りを復活させれば、自分たちも潤うことに気づいたのです」

ジョージアの人々が古いブドウ品種を大切にするのは、植物学の有名な理論と関連があるのではないだろうか。一九二〇年代にロシアの伝説的な植物遺伝学者ニコライ・ヴァヴィロフは、遺伝的多様性がもっとも高い場所が、その植物の原産地だと指摘した。ジョージアを含むコーカサス地方がブドウの原産地なら、ほかの地域より進化の時間が長かったわけで、どこよりも多くの品種が存在しているはずだ。現に、ジョージアには五〇〇以上のブドウ品種があり、さらにそれ以上の品種がアルメニア、トルコ東部、イラン北部にあると言われている。ジョージアの人々がワインに強いこだわりを抱いているのは、ワイン造りの歴史がそれだけ長いからだろう。ワイン造りは文字が発明される以前から行われていたのである。

シカゴ植物園をはじめ複数の樹木園で調べたところ、コーカサス地方には六四〇〇の植物群が見られることがわかった。ミネソタ州くらいの広さにそれだけの数の植物が生育しているわけだ。アメリカ全土の植物群の数は一万八七四三だから、いかに多いかわかるだろう。その原因を植物学者はコーカサス山脈と植物群落の相互作用の結果と説明している。コーカサス地方に生育する植物群の四分の一に相当する一六〇〇種は固有種だ。つまり、隔絶された山間の渓谷が天然のタイムカプセルの役割を果たして固有種を守ってきたのだろう。

コーカサス地方はおよそ二五〇〇万年前、アフリカ・アラビア陸塊とユーラシア陸塊が衝突して生まれたとされている。広い海で隔てられていた二つの陸塊が数億年かけて近づいた結果、褶曲《しゅうきょく》作用によってコーカサス山脈が出現した。その後、火山が爆発し、海洋が縮小し、多くの河川が生まれたが、基本的に二つの古い陸塊が融合してできた地域なので、双方の大陸の動植物がすべて生息していた。

この「種の坩堝」は、一方の陸塊が亜熱帯、もう一方が温帯ということもあって、とりわけ植物の多様性を促進した。遺伝的多様性に関する国連の報告書には、次のように書かれている。「この稀有な状況のおかげで、コーカサスは東洋と西洋の植物相の架け橋となり……このことは、コーカサスの複数の区域で、それぞれ大陸性気候、地中海性気候、亜熱帯気候に適応していたヨーロッパあるいはアジア原産の種が、固有種と隣り合って生息しているという事実の説明になる」シカゴ植物学研究チームの報告書には、さらにこう付け加えられている。「数十億年の間、プレートが押し上げられるたびに植物は隔絶され、それが新しい種を生む契機になることもあった」

パトリック・マクガヴァンによると、紀元前六〇〇〇年頃につくられたジョージアの陶器には、ブドウの房とブドウ棚の下で腕を高く差し上げて浮かれ騒ぐ人々の姿が描かれており、ティビリシ近郊の埋葬塚からは、飲酒の儀式を描いた金や銀のゴブレットが出土したという。「挿し木用のブドウの切り穂は、節のある枝を描いた銀器に入れられていた」とマクガヴァンは教えてくれた。ジョージア国立博物館にその切り穂が展示されているという。四世紀にジョージアにキリスト教を伝えた聖女ニノは、敵から身を守るためにブドウの木でつくった十字架を身につけていたと言われる。ジョージアの伝承歌『シェン・カラー・ヴェナーキ（汝はブドウ畑）』は、一二世紀にデメトリオス一世が作詞したとされているが、今でも結婚式でよく歌われる。

ゲラシム神父が一〇一一年につくられたという新しい醸造所に案内してくれた。壁際にクヴェヴリが雑然と並んでいる。数世紀前のクヴェヴリも使われているが、現在でも少数ながらクヴェヴリ職人がいるそうだ。入ってすぐの部屋には、海外企業誘致の成果が並んでいた。イタリアの酒造会社から寄贈されたラベルマシーン、そして、修道院のもうひとつの名物であるジョージアブランデー用のオーク樽だ。低いアーチをくぐって、クヴェヴリが並ぶ貯蔵室に入った。天井が低いままなのは理由があるのだと神父は言った。「部屋に入るとき、いやでも頭を下げなければなりませんからね」

貯蔵室の粗削りの石壁にはアーチ形の棚がはめ込まれ、天井は木の梁《はり》がむき出しになっている。がらんとしたタイル張りの床にいくつも丸い穴が開いていて、クヴェヴリが埋められている。発酵中は平たい石で蓋をしてある。現代のワイン造りの主流であるステンレスタンクを見慣れた目には新鮮に映る。「クヴェヴリ製法を変える必要などありません」と神父は言う。「伝統的で普遍的な技術ですから。新たに導入した機器は、作業効率を多少上げてくれるが、ワイン造りそのものは変わりません」貯蔵庫の隅には、遺跡から発掘された陶器の酒器や工芸品、埋められていたクヴェヴリが展示されていた。現在、アラヴェルディ修道院では、長年放置されていた建物やブドウ畑の再建に取り組んでいる。

神父に続いて石段をおりてテイスティングルームに向かいながら、私は期待に胸を弾ませつつ少し緊張していた。アラヴェルディワインは大きなコンテストで受賞している。『デキャンター』誌はアラヴェルディの赤ワインのひとつを「出品されたどのワインよりも、深み、新鮮さ、奥行き、スパイシーさが秀逸」と評している。私にその秀逸さが感じ取れるだろうか？

地下の静かなテイスティングルームに入ると、ゲラシム神父はタマダ（宴会の司会者）を務めてくれた。ジョージアでは、正式な食事会や行事には必ずタマダがいてスピーチをする。おそらく、生贄を捧げてワインを飲んだ先史時代の儀式と関連があるのだろう。古代ギリシアのシンポジウムで上流階級の男性が集って酒を飲みながら親睦を深めたのは、このジョージアの伝統がもとになっているのかもしれない。テイスティングを始める前に神父はこう言った。「ワイン造りは子沢山の家族のようなものだと思うのです。子供たちは似ているけれど、それぞれ個性が違います。しかし、同時に両親から共通のものを受け継いでいる。ワインの場合は土壌、風土、ブドウの品種といったものです。ワインは風味も香りも少しずつ違う子供なのです」

客人は神の賜物だから、最高の食べ物やワインは客のために取っておくのだとゲラシム神父は言った。最初に注いでくれたのは、一番新しい二〇一四年物のルカツィテリだった。主流の白ワインと違って、濃い金色をしている。発酵中に長期にわたって皮を残しておくからだ。「オレンジワイン」と呼ぶ評論家もいるが、神父によれば「金色《ゴールデン》」が正しい。見た目も美しく、うれしくなるほどどのワインとも違う。きりりとしたフレッシュな味わいで飲みやすいが、ミネラル感とフレーバーに深みがある。赤ワインと白ワインがどう違うのかという積年の疑問が解けたような気がした。おそらく、クヴェヴリ製法による熟成プロセスも関係しているのだろう。「このワインはどんな料理にも文句なしに合います」ゲラシム神父にしては大胆な発言だったが、ニューヨークの一流レストランのソムリエも異議を唱えないはずだ。

伝説的なシェフ、ダニエル・ブールーのもとで働いた経験のあるレヴィ・ダルトンは、『ワイン・エンスージアスト』誌で、クヴェヴリ製法のワインは「魚料理を引き立たせる繊細なフレーバーがあるが、しっかりしたボディ感もあって肉料理に合わせても違和感がない……［料理とワインの組み合わせの］魔法の切り札だ」と絶賛している。イギリスのワインジャーナリスト、サイモン・ウルフもアラヴェルディのルカツィテリに感銘を受け、「茶葉、焼きリンゴ、ジャスミン、ハーブ、プラムのコンポートが複雑に入り交じった香りがする（私の評価は当たらずとも遠からずだと断言しておく)」と語っている。

次に神父は古いヴィンテージのルカツィテリを注いでくれた。最初のよりさらに深みとフレーバーが豊かだが、口当たりは爽やかだ。白ワインのキシィとヒフヴィもテイスティングさせてもらった。キシィはかすかにアプリコット、シトラス、ナッツの風味がして、ヒフヴィは花のようなフレーバーだが、どこか木の感じもする。そのあと、ジョージアを代表する赤ワイン、サペラヴィを味わった。色は漆黒で、次々といろいろなフレーバーがする。チェリーやスグリ、スパイス、かすかにタバコの匂いもして、白ワインのようなきりりとした味わいだ。私はすっかり圧倒された。

涼しいテイスティングルームでくつろぎながら、ゲラシム神父は子供の頃、なぜ一日の終わりに大きなグラスでワインを飲むのかと父親に尋ねたことがあると話してくれた。「父さんみたいに一日中働いて、父さんがしなければならないことを全部やってから訊くことだな」という答えが返ってきた。今ではよくわかると神父は言った。私はクレミザン修道院を訪ねたと言って、これから訪ねたいと思っているワイナリーの名を挙げた。「それだけいろいろな場所で質問できるとは、あなたは幸運な人です」神父はそう言うと、一〇〇〇年ほど前にジョージアの修道士たちがコーカサス地方のブドウの木をエルサレムの十字架の修道院に運んだという伝説があると付け加えた。「調べてみると面白いかもしれませんよ」

私は友人たちと飲むつもりでヒフヴィを一本買った。今度はクヴェヴリワインの品評会に来てくださいとゲラシム神父は誘ってくれた。アラヴェルディ修道院で毎年秋に開かれるという。そして、思いがけない言葉をかけてくれた。「地元のブドウでいろいろな人がワインを造っていることをあなたが正しく伝えてくれることを心から願っています」私は感激した。稀少品種を守るために奮闘している人々の連帯はたしかに存在するのである。

ティビリシへの帰路、車窓を流れるブドウ畑は夕闇に包まれていた。小さな村に入ると、牛の群れが道路をふさいでいて、おばあさんが黒い仔牛を叱っていた。長年科学者たちの話を聞いたりワインに関する本を読み漁ったりしてきたが、アラヴェルディワインは私にとって新たな発見だった。コクがあって芳醇なのに、すっきりと優雅で、造りたてのシードルか生乳チーズを味わっているようだった。クヴェヴリ製法を知ったおかげで、古代ワインがどんな味だったか想像できるようになった。ステンレスタンクやオーク樽で発酵させたものとは全く違うのだ。だが、考えてみれば当然だろう。同じ料理を電子レンジでつくるのと薪を組んだ焚火でつくるのとでは、料理の出来が違って当たり前だ。クヴェヴリワインはそういうものなのだ。

だが、クヴェヴリだけのせいではないだろう。アラヴェルディワインは入念に造られたナチュラルワインがどんなものかという証でもある。濾過《ろか》していないし、一次発酵はブドウの茎も実の皮も残したまま行なっている。その結果、深みのある香り高いワインになるが、想像するような苦みはない。テイスティングしてみて、古代ワインに対する単純な思い込みに気づかされたが、私と同じ勘違いをしている専門家も少なくない。古代のギリシアやローマ、エジプトのワインは、防腐剤としてミルラ（松脂）やシナモンで風味付けしていたと指摘されることが多いのだ。アラヴェルディワインはこうしたものをいっさい加えていないが、それでも申し分なくおいしい。

アラヴェルディの修道士たちは、ワインに必要なのはブドウと野生酵母、注意深い育成、そして、それ以外のことを言う人を無視することだと信じている。ワイン評論家で作家のアリス・ファイアリングが、ジョージアで開かれたワイン会議について書いている。ドイツの科学者が、ジョージアの酵母には問題がある、悪い酵母は発酵をだいなしにすると発言したそうだ。すると、アラヴェルディ修道院のひとりの修道士が反論した。「神がワインを造るためのすべてを備えたブドウを与えなかったと言うのですか？　悪い酵母などありません」

ティビリシに戻ってから、ジョージアの活気あるブドウ文化に惹かれて世界中から醸造家が集まっていることを知った。パトリック・ホンネフは、ボルドーでの安定した仕事を捨ててジョージアに移住してきた。彼と夕食を共にした「プルプァ」というレストランは一九世紀に建てられた壮麗な建物の中にあって、天井が高く、世紀末の退廃的な雰囲気が漂っていた。

「二〇〇九年に初めてジョージアに来て一目惚れした」とホンネフは言った。「ワイン愛好家にとっては理想的な国だ。『ボルドーで働いていたんだろう、あそこはワイン天国じゃないか』とよく言われるが、みんなわかっていないんだ。ボルドーを離れたのは正解だった。ここにいるほうが一〇倍も幸せだ。醸造家として自己実現できる——創造できるんだ。それが可能なのは、際立った潜在力を持つ品種がいくつもあるからだ」

ホンネフはフランスワインが大好きだが、私と同様、有名品種以外のワインを求めていた。「ボルドーのワイン造りは、伝統に逆らわないことが唯一の目標だ」彼は手を振って不満を表した。「あとは安定した生産をめざすだけで、イノベーションの入る余地はない」現在、ホンネフはシャトー・ムクラニで働いている。一六世紀にはジョージア皇太子の所有地だったムクラニは、ティビリシからそれほど離れていない。一八〇〇年代には、ロシアの皇帝にワインを献上していたという由緒あるワイナリーだ。一九七四年にはその近くで古代都市の跡が発掘され、一五〇年頃にさかのぼるディオニューソスの祭りを描いた宮殿のモザイクや、ブドウの房や蔓、ワイン用ゴブレットなどが見つかっている。ソビエト時代には閉鎖されていたが、二〇〇七年に国際的投資家によってシャトーならびにワイナリーの再建が始まった。

プルプァのメニューには、ジョージア料理と伝統的フランス風料理の両方が載っている。ホンネフは前菜にプハリを選んだ。挽いたクルミやビーツ、ホウレンソウなどの野菜を混ぜて丸めた料理だ。緑色のプハリはイタリア料理のペストに似ていたが、赤いプハリはこれまで目にしたどの料理とも違った。食べてみると、どちらも新鮮な野菜の味がして、繊細だが、生命力にあふれている。ムクラニの二〇一三年物ゴルリ・ムツヴァネを共に味わいながら、私はホンネフに地元品種のことを訊いた。このムクラニの白ワインは、口当たりがいいがコクがあり、桃とシトラスのフレーバーがする。プハリとよく合うが、私が飲んだことのあるヨーロッパのどのワインとも微妙に違っていた。

ジョージアワインには熟成するにつれて味わい深くなるものがあって、同僚が見つけた二〇〇〇年物のサペラヴィを飲んだときは感激したとホンネフは語った。「ああいうワインを味わうと、熟成に大きな潜在力があることを実感する。若いうちに飲んでしまうのは残念だ」ボルドーメルローは五、六年寝かせるとトリュフの香りが立ってくるが、サペラヴィはラズベリーとマルベリーのかすかな風味がするそうだ。シャトー・ムクラニでは、地元品種と国際品種をブレンドしたワインも造っているという。

こうした利点も多いが、ジョージアでのワイン造りは簡単ではない。「[ここでは]祖父や父がしていたからというだけの理由で同じことを続けている人が圧倒的に多い。そうする理由がわかっていない」とホンネフは地元の醸造家たちを評した。二〇一三年にジョージアに定住すると決めてから気づいたのだが、多くのワイナリーやブドウ生産者は基本的な衛生管理すら行なっておらず、そのせいでいい地元品種を使っていても、バクテリアの繁殖によって多くのワインが「ひどい出来」になっていた。伝統だけで質のいいワインは造れない。伝統は出発点にすぎないのだ。

ボルドーで実績を積んだホンネフも、地元のブドウ生産者を説得するのに苦労した。「彼らはプライドが高い。そして、変化を恐れている。それでも、実際にやってみせて、それがうまくいくことを実証すれば、新しいことに挑戦する気になってくれる」

そうした困難もあるが、半面やりやすい面もあるとホンネフは言う。「最近では、コンサルタントが大挙してやってきて、その半数は名が通っているからという理由で国際品種を栽培することを勧める」何事も迅速に進まないことに苛立つこともあるが、そういうときはソビエト連邦崩壊後にこの国が乗り越えなければならなかった苦難を考えることにしている。それでも、小国で働くことには利点もある。私と食事する前、ホンネフはジョージア首相と会って、ワイン業界の進捗状況を話し合ってきたという。国立ワイン庁は限られた予算の中で世界中のワインコンテストに職員を送って、テイスティングをさせているそうだ。

ゲラシム神父と同様、ホンネフも古代の品種や忘れられた品種を調べたいという私の計画に大いに興味を示してくれた。私もジョージアに来て意を強くした。ティビリシは文字通りブドウだらけだ。歩道の隙間にブドウの木が生えているし、ドアやバルコニーにブドウの蔓がからみ、洗濯物が干してある労働者階級の家の庭にも生い茂っている。中庭にブドウ棚をつくって屋根がわりにしているのも見た。それまでは整然としたブドウ畑を見慣れていたが、ここではまったく違った。ジョージアは生きた教科書だ。人々はブドウを愛し、それが芸術にも詩にも音楽にもワインにも表われている。

だが、そんなジョージア人も自国がワイン発祥の地であるという証拠はまだ突き止められていない。隣国のアルメニアは、アルメニアこそ発祥の地だと主張している。ティビリシに着いた直後に、ソビエト時代の簡素な建物の中にあるワイン庁を訪ねて、ジョルジ・テブザゼから話を聞いた。ジョージアほどワイン好きな国でも、稀少品種の保存には苦労しているとテブザゼは話してくれた。ホセ・ヴィアモーズがジョージアを訪れたとき、ワイン庁の近くで珍しい品種を見つけてサンプルを採取したことがあった。「だが、残念なことに、その品種はなくなってしまった」ブドウ畑の所有者が別の品種に切り替えたというのだ。

私はジョージアワインに夢中になった。だが、未知のものも含めると五〇〇種はあるという地元品種の家系図を作成して、ヨーロッパ品種との関係を解明することはできるだろうか？　ジョージアに発つ前にカナダの遺伝学者ショーン・マイルズと話したとき、彼もその難しさを口にしていた。「コーカサス地方でブドウの栽培が始まり、そのブドウが西ヨーロッパに広がっていく過程で、地元の野生品種と異種交配したのは間違いない。伝播した土地では、必ず地元野生品種が少なくとも何割か混じっている」したがって、ドイツのリースリング種は地元の野生品種とつながりが深いが、同時にコーカサスの祖先の家系図にもつながっている。

ワイン用ブドウ品種の家系図の解読を阻む一因は資金不足にあるという。「大企業はピノ・ノワールの起源に関心を持ったとしても、ほかにやらなければならないことがたくさんある」とマイルズは言った。「企業は自社の収益に貢献しない研究に大金を出したりしない」話を聞けば聞くほど、ワイン用ブドウ品種の起源はしばらく闇に包まれたままだろうという気がしてきた。

マイルズはこんな話もしてくれた。世界中で同一品種だけ栽培して交雑育種を防いだら、多くの人が好むフレーバーを保つことはできるだろうが、進化を止めることになる。「だが、ブドウを攻撃する害虫は進化し続ける。そうなると、我々が今日知っている国際的ワイン産業は終焉するだろう。進化し続けてブドウを攻撃する病原菌との軍拡競争に負けるからだ。実際、もう時間の問題だ。同一の遺伝物質だけを使っていると、破滅は目に見えている」

私はもっぱら個人的な観点から稀少ブドウ品種のことを考えていた。従来のものとは異なるフレーバー、異なるストーリーを求めていた。だが、マイルズはブドウ畑の健全な存続には遺伝的多様性が必要だと教えてくれた。単一栽培の弊害の有名な例は、アイルランドのジャガイモ飢饉だ。一八〇〇年代まで、アイルランドでは主として単一品種を栽培して、種芋で繁殖させていた。その結果、同じジャガイモが毎年収穫されていたが、一八四〇年代にジャガイモ疫病菌による伝染病が発生すると、全収穫物が打撃を受け、大飢餓が起こった。私はどのブドウ品種も不運に見舞われてほしくないが、ワイン業界の指導者たちの考え方を変えるにはそんなショック療法が必要かもしれない。

帰国したあと、私はコーカサス地方の歴史や伝説を調べてみた。コーカサス地方をワイン造りの発祥の地としている本は少なくなかった。たとえば、古代ギリシアの歴史家ヘロドトスは、アルメニアの交易商が紀元前五世紀にバビロンにワインを持ち込んだと記している。

バビロンまで川を下ってくる船は円形で、動物の皮を貼ってあった。枠組みの柳はアッシリアの北のアルメニア人の国で切り出されたもので、それが船体を成していて、その上に皮がぐるりと貼ってあり……船には藁《わら》を敷き詰めて、その上に積み荷をのせ、苦労しながら川を下ってくる。主たる積み荷はワインで、ヤシの木の大樽に貯蔵されており［……］、バビロンに着いて積み荷がおろされて売られると、船員たちは船を解体し、藁と船の枠組みを売り払って……徒歩でアルメニアに向かった。

『ナルト叙事詩：チェルケス人とアブハズ人の古代神話と伝説』という古い民話集はあまり知られていないが、コーカサスの伝説が生き生きと語られている。太古の半神半人ナルト族が、巨人や魔女といったさまざまな超自然の力と戦う物語で、ワインの起源にも触れている。ナルト族は豊穣の地に暮らしているが、ひとつ足りないものがある。巨人族が持っているブドウの木だ。ナルト族はどんな犠牲を払ってでもブドウの木を手に入れようとする。おそらく酔っ払いの不埒《ふらち》な行ないを記した最古の記録だろう。

ナルトの長老たちは白ワインの大樽をのぞき込んだ。
そして、収穫の神に対して罰当たりなことをさんざん口にした。
首長のアレグは作り話ばかり。
ウォルザメグはもっともらしくそれに同意した。
イミスはいつものように自慢話をした。
ソセルクオはあれこれ悪巧みをめぐらせた。
ナルト・チャダクスタンは偉業を成し遂げることを夢みた。

そのとき、ナルト・バトラズがドアを蹴破って入ってきて、何人かの肋骨を打ち砕きながら部屋の中央に立った。そして、流血や暴力沙汰を自慢気に語ったあげく、こう言った。この神秘の白ワインの樽が自分の話を判定してくれるだろう。すべてが嘘なら、樽は干上がる。真実なら、ワインが満ち溢れる。

もちろん、後者だった。

Tasting

アラヴェルディ修道院のワインを味わいたければ、コーカサス山脈まで行くしかない。修道院では比較的少量のワインしか造っていない。だが、幸いなことに、フィーザンツ・ティアーズといったジョージアワインはアメリカでも手に入る。ニューヨークのアスター・ワインズ＆スピリッツには数種がそろっていて、オンラインでも買える。

www/astorwines.com

メリーランド州に本拠を置く輸入会社ジョージアン・ワイン・ハウスには、ジョージアワインを取り扱っている全米の数多くの店舗のリストがある。

www/georgianwinehouse.com

コーカサス地方全域を対象にするなら、アルメニア（ゾラ・ワインズは六〇〇〇年前の醸造所があった洞窟遺跡の近くにある。www.zorahwines.com）、トルコのワインも忘れてはならない。シアトルの輸入会社ヴィノレイは数種のトルコワインを扱っている。

vinorai.com/turkey

ボガツケレ（「喉を焼くもの」の意）、オクズギョズ（「大当たり」の意）といったブドウ品種を探してみるといい。

◆アラヴェルディ修道院セラー（手に入るヴィンテージのものを修道院から直接買うこと）
・ムツヴァネ・カフリ（琥珀色、クヴェヴリ製法）
・ルカツィテリ（琥珀色、クヴェヴリ製法）

・サペラヴィ（赤、クヴェヴリ製法）
・キシィ（黄金色、クヴェヴリ製法）

◆シャトー・ムクラニ
・ゴルリ・ムツヴァネ（白）
・ルカツィテリ（白）
・サペラヴィ（赤）
・リザーヴ・ロイヤル・サペラヴィ（赤）

◆フィーザンツ・ティアーズ
・ルカツィテリ、2015（白、クヴェヴリ製法）
・サペラヴィ、2015（赤、クヴェヴリ製法）
・ムツヴァネ、2015（白、クヴェヴリ製法）
・チヌリ、2015（白）
・タヴクヴェリ（赤、クヴェヴリ製法）

◆アルメニアワイン
・ゾラ・カラシイ（赤、アレニ品種を使い、クヴェヴリ製法による品質にするためにコ

ンクリート容器で醸造）

・ゾラ・ヴォスキ（白、ヴォスキアットとガラドゥマック（「太い尻尾」の意）品種を使い、コンクリート容器で醸造）

8章 酵母、共進化、スズメバチ

神は酵母をつくり……発酵を愛された
草木を愛されるのと同じように……
――ラルフ・ウォルドー・エマーソン
『ニューイングランドの名人たち』一八四四年

ジョージアの修道士が「神は悪い酵母などつくられない」という趣旨の発言をしたと聞いて、私は自分がワインを理解していないことをまた思い知らされた。酵母にまで考えが及ばなかったから、酵母の良し悪しなど気にしたこともない。発酵によって糖がアルコールと炭酸ガスに変わるのは知っているし（シャンパンの泡は炭酸ガスだ）、パンをつくった経験から、野生酵母と市販のイーストが違うことも知っていた。だが、私にとって――大半のワイン愛好家もそうだろうが――酵母は言ってみればロックバンドのベーシストのような存在だ。たしかに重要な役割を果たしているが、影が薄い。だから、ワイン版「鶏が先か、卵が先か」という問題、すなわち、ワインのフレーバーやアロマはブドウ由来か、それとも酵母由来かという問題を考えたこともなかった。当然、前者だと思い込んでいた。ワインのラベルやワインリスト、それにワイン評論でも酵母のことはめったに書いていない。おそらく書くべきなのだろう。

二〇一六年にオーストラリアワイン研究所がイギリスで開催したシンポジウムで、ユニークなテイスティングが行われた。五種類のスパークリングワインが、それぞれ三本用意されていた。見た目はごく普通のワインだ。五種類とも同じワイナリーで同じブドウを使って同じ製法で造られた。酵母だけが違っていたが、いずれも特有のフレーバーを出すために慎重に培養された酵母だった。「違いは歴然としていた」エリカ・シマンスキーは私の電話取材に応じてくれた。彼女は酵母の研究者で、ワインジャーナリストでもある。「酵母自体が特有のアロマプロフィールを持っているのがよくわかった。好みは各人各様だったけれど、明らかに違うという点で、そして、ハイブリッド酵母のほうがいいという点で全員の意見が一致した」

ワイン業界で最も権威のある資格「マスター・オブ・ワイン」を持つサリー・イーストンもこのテイスティングに参加しており、彼女のテイスティングノートを見ると、酵母がいかにワインに大きな影響を及ぼすかがわかる。


ワイン4……煙と芳香族タールのにおい。風味がいい、乾いたパン、微かな苦み、おそらくアーモンド、骨格のしっかりしたワイン

ワイン5……フローラル、芳香、マスカットのような香り、繰り返し口の中に広がる。穏やかな、リフティドスタイル、主要フレーバーの絶妙な集約

ワイン6……漂う煙、ビスケットとブリオッシュ、クラシックな感触がある。バランスのとれた広がり、健全なワイン

イーストンやシマンスキーが高く評価したのは、AWRI 2526と呼ばれる特別培養された酵母だった。オーストラリアワイン研究所が、市販のワイン酵母であるサッカロミケス・ケレウィシアエの基本タイプと、普通はアルコール製造に使われないサッカロミケス・ミカタエという酵母を掛け合わせてつくった。研究所では、実験を重ねた結果、フレーバーやアロマの複雑さを増大させる能力を持つ「ワイン酵母の新品種」をつくり出したと発表している。

私はシマンスキーに例の「鶏が先か、卵が先か」という疑問をぶつけてみた。ワインのフレーバーやアロマの大きな決め手になるのは、ブドウ品種と酵母のどちらなのだろう？　彼女はちょっとむっとした様子で、こう言った。「おそらく、答えを出すのは不可能。その疑問自体が単純すぎる」彼女によれば、人間と酵母は共進化してきたというのである。

「つまり、人間と酵母は、単なる協同関係という以上に密接に関わり合いながら発達してきた。片方がもう一方を栽培化したというような単純な関係ではなく、相互に作用し対応してきた。そうして、双方にとってうまく機能するような長期的関係を育んできたわけ」

たとえば、パン酵母とワイン酵母とでは進化の仕方が違うという。「これは重要なことだけれど、人間と関わり合って生きている酵母のうちで、ワイン株はとても強くて野性的。どんどん強くなら

ないと、アルコールやさまざまな糖に対応できなかったからよ」一方、パン酵母はパン生地の中でしかうまく生き残れない。つまり、人間にほぼ依存している。

ワイン酵母は人間のワイン製法に適応するために進化してきた。二〇〇〇年以上前のエジプトやギリシアやローマでは、素焼きのアンフォラの殺菌のために硫黄を（煙の形で）使っていた。スペインの研究チームによると、ワイン酵母の約半数には硫黄に耐性をつけるための遺伝子変異が見られるという。野生酵母にはその変異は見られない。また、ブドウ畑では一〇〇年以上前から銅を含んだ混合溶液が大量に使われてきた。うどんこ病を防ぐための「ボルドー液」と呼ばれる農薬である。その結果、一部のワイン酵母は銅中毒に対する耐性もつけた。

さらには、ワイン酵母は世界中のワイン愛好者の助けを借りて拡散してきた。酵母は空中を浮遊できないから、これは重要なことだ。ニュージーランドで行なわれたDNA解析では、地元の土壌やオーク由来の酵母に混じって、フランスのオークのゲノムと一致する酵母も発見されたという。昆虫の助けを借りて拡散し、ブドウ畑や醸造所に適所を見つける酵母もあるが、フランスのワイン酵母はワイン樽に入って世界を旅してきたのである。

このことはもう一つの謎を解く鍵になる。未熟なブドウの実にはあまり酵母がついていない。だが、実が熟すと、つまり酵母が食べる糖の濃度が上がると、酵母の数がぐんと増える。どういうわけか、酵母にはそのタイミングがわかるらしい。鳥に運ばれて拡散するという方法もあるが、極寒の地では冬をどう乗り切るかという問題が残る。寒さに弱い酵母は死滅するはずなのだ。

だが、スズメバチに寄生するという要領のいい解決策を見つけたサッカロミケス・ケレウィシアエがいた。イタリアの研究グループが、スズメバチを春、夏、秋と異なる時期に捕まえて解剖したところ、体内から三九三の酵母株が見つかった。酵母の種類は季節によって変動があったが、サッカロミケス・ケレウィシアエは季節に関係なく常に一定数存在していた。その理由を解明するために研究チームは一群の雌のスズメバチを捕獲して、研究室でサッカロミケス・ケレウィシアエを植え付けて冬眠させた。三ヵ月後に調べてみると、酵母はちゃんと生きていた。スズメバチの女王は働きバチになる幼虫に酵母を送り届けていた。春から夏にかけて、スズメバチは餌（主として昆虫）を食べて、それを吐き戻して幼虫に与える。その際、酵母も幼虫の体内に入るわけだ。「スズメバチは一年を通して絶え間なく酵母株を次代に送り続けていると考えられる」と研究チームは結論づけている。

酵母の越冬場所はスズメバチの体内だけではないようだ。酵母はハチの巣の中でも生きられる。だが、スズメバチの体内と、その地域のブドウ畑から見つかった酵母株は、複数の異なる季節に比較しても、よく似ているという。ということは、私には思いもよらないことだったが、ワインの地域固有のフレーバーやアロマには酵母が一役買っているだけでなく、スズメバチなど酵母の宿主も一端を担っていることになる。

酵母に関する研究は、ワイン発祥の地に関するマクガヴァンやヴィアモーズ説を裏付けている。フランスの研究チームが酵母のＤＮＡ解析をした結果、大半のワイン酵母株は、古代メソポタミアの「肥沃な三日月地帯」に共通の祖先を持っていることがわかった。ワイン酵母は、ワイン造りと同様、地中海沿岸から北のドナウ川渓谷へと伝播していったのだろう。ワイン酵母と人間が数千年にわたって緊密な関係を保ってきたことがよくわかる。パン酵母、ビール酵母、ワイン酵母、清酒酵母は、一万二〇〇〇年から一万年前に複数のグループに分かれたようだ。それぞれの酵母は人間の産業の中に適所を見つけ、ほとんどの場合そこにとどまった。サッカロミケスという属名は、糖や菌を意味するギリシア語から、ケレウィシアエという種名は、ビールを意味するラテン語からきている。古代エジプトのアンフォラからマクガヴァンが分離した酵母株に遺伝的によく似た古代の酵母のＤＮＡも発見されている。

現代の酵母のＤＮＡを解析して共通始祖につながる道筋を見つけようとした研究も行なわれたが、うまくいかなかった。大量のワインを消費した古代の宴席には、酵母も参加していたのだろう。酵母細胞は二分裂して増殖してきたとはかぎらない。おそらく、何千年にもわたってブドウが人間の足で踏み潰されてきた過程で、異種交配した酵母株もあったのだろう。したがって、ワイン酵母、ビール酵母、パン酵母といった一般的な括りの中でも、いくつも種類がある。

酵母がいつどこで生まれたか定説はない。一九九〇年代にカリフォルニア工科州立大学のラウル・カノ名誉教授が、琥珀に閉じ込められていた四〇〇〇万年から二五〇〇万年前のハチとシロアリの内臓から、そして、一億二五〇〇万年前のものとみられるレバノンゾウムシからも、サッカロミケス・ケレウィシアエを発見した。果実などの有機物は人類が出現するはるか前から発酵していたから、酵母がワインより先に存在していたのは明らかだ。しかし、酵母の実体は長年にわたって不明のままで、泡を発生させてアルコールやパン、ピクルスやキムチといった発酵食品をつくるといった認識しかなかった。

酵母が分離した生物体であり、発酵が単なる腐敗の一種でないことに生物学者たちが気づいたのは一八〇〇年代初めになってからだった。発酵の本格的な研究は、一八五〇年代にルイ・パスツールが行なったのが最初で、パスツールは酵母の役割を解明した人物とされている。その後、パスツールは四〇〇ページを超える大著『ワインの研究』の中でワイン造りやブドウの病気について解説している。本格的なワイン科学の始まりである。

だが、ワイン造りに野生酵母ではなく培養酵母を使うという発想は一八九〇年代まで起こらなかった。醸造家たちは大昔から野生酵母を使ってきたのだから、その伝統を変える必要はないと考えていたのである。ようやく一九六五年にカリフォルニアのワイナリーがレッドスター・イースト社の製造した二種類のドライイースト（乾燥酵母）を使用した。一九八〇年代に入ると、大半の大規模ワイナリーが、培養酵母を部分的に、あるいは全面的に採り入れるようになった。当初はそれでなんの問題もないように思えた。

だが、やがて難題が持ち上がった。野生酵母にも各地域のワイン酵母にも幅広い多様性があることは研究で明らかになっていたが、工業的に製造され培養された酵母が野生種を文字通り駆逐して、その一部を絶滅に追いやったのである。スペインの新しいワイナリーで五年にわたって酵母を追跡調査した研究がある。最初は――発酵の第一段階では――地元の非サッカロミケス・ケレウィシアエ株が優勢だった。だが、そのうち培養酵母が地元の野生酵母を駆逐するようになった。また、工業的に製造された培養酵母には何百種もタイプがあるが、遺伝的にはほとんど同じだという研究もある。

『*Wine Yeast*（ワイン酵母）』という『ワイン用葡萄品種大事典』に匹敵する労作があるが、一〇〇〇ページを超えるこの本に後者と同じ需要があるかは疑問だ（まだ断定はできないが）。だが、酵母がワインのフレーバーに影響すること、そして、酵母の多様性が危機に瀕しているのは事実である。

その後、思いがけない進展があった。琥珀から数百万年前の酵母を取り出したカノ名誉教授が、この原始の生命体の特許を取得しようとしたのである。バイオテクノロジーや医療の分野で役立つはずだから、収益が見込めると思ったらしい。そのもくろみははずれたが、一部の酵母の胞子の培養に成功し、それでビールが造れることが判明した。

二〇〇八年に化石から抽出した酵母で醸造実験を行なったあと、二〇一六年にはシュブロス・ブルワリーでも製造にこぎつけた。『オークランド・トリビューン』は、酵母が小麦ビールに独特の「クローブのような」味わいと「最後に不思議なスパイシーさ」を与えたと書き、『ワシントン・ポスト』は「口当たりがよくスパイシーで、チキンストリップとよく合う」と評した。だが、一時的にマスコミに取り上げられたものの、その後プロジェクト自体が消滅したようだ。シュブロスの醸造責任者イアン・シュスターは、『サンフランシスコ・ゲイト』のインタビューに答えて、古代酵母は予測がつきにくくて「維持に手間がかかり」、温度によって味が変わる傾向があると答えている。「目覚めさせてやる必要がある」と彼は謎めいた言い方をしている。

その後、私は複数の論文にその説明になりそうな記述を見つけた。古代酵母のＤＮＡは不純だったり劣化したりしている場合が多いという。もしかしたら、遠い昔には酵母も糖をアルコールと炭酸ガスに分解するのに「試行錯誤」していたのかもしれない。ビジネスベンチャーとしては、古代酵母は安定したフレーバーをつくるには扱いにくい存在であり、それが大きな課題だった。

この化石から抽出した酵母の実験は大きな問題を提起した。酵母が発酵を引き起こす過程はまだ完全に解明されていない。食用酵母を製造しているフランスのラレマンド社の科学者クレイトン・コーンは、「酵母細胞の中で実際に起こっていることに関しては初歩的な理解しかできていない」と論文に書いている。だが、明らかなのは、数百万年かけて酵母の無数の種が、ブドウやワイン桶やワイナリーの備品といった特殊な環境に適応するために進化してきたことである。

アメリカ食品医薬品局（ＦＤＡ）は二〇〇三年に遺伝子組み換えワイン酵母を認可した。これまでのところ大きな論争が起こっていないのは、酵母は厳密には食品加工剤であって原材料ではないので、ＦＤＡが使用の表示をワイン製造者に義務づけていないからだろう。現在、創業一八五三年のフランスの食品科学会社ルサッフル社が遺伝子組み換え酵母を販売している。

遺伝子組み換え酵母はアメリカ、カナダ、南アフリカで認可されているから、そうした酵母で造ったワインを飲んだことのある人も多いはずだ。この新しい酵母には生産者を喜ばせる特徴がある。二次発酵いわゆる「マロラクティック発酵」を一次発酵と同時に行えるので時間を短縮でき、品質管理が容易になる。また、本来のフレーバーではない異臭《オフフレーバー》の発生のほか、頭痛といった健康被害も防げるそうだ（ちなみに、後者はまだ実証されていない）

シマンスキーはブログの中で、長期にわたって最高の酵母やフレーバーを選択することはできないのではないかと書いている。「人間が好ましいと思う突然変異を起こした酵母だけが、望ましくないものとして除去されることなく大量に増殖される。たぶん、それでいいのだろう。あなたが私のように微生物の遺伝的多様性を考慮し始めると夜も眠れなくなるのでなければ……だが、最強のものだけに有利な行動を許し、関わりのあるもののすべての声を聴こうとせず、長期的な環境政策をとろうとしなかったら、世界はどうなるだろう？」

言い換えれば、変わり種の酵母がブドウ畑の生態系で幅を利かすようになったら、世界はどうなるだろう？　やはりジョージアの修道士の言葉は正しかった。大局的に見れば、悪い酵母など存在しないのである。

9章 アフロディーテ、女性、ワイン

彼女は……月だ、そして……彼女に捧げられる男は女の服、女は男の服を着る。彼女は男性であり女性でもあると見なされているから。

――マクロビウス『サトゥルナリア』より、四二〇年頃

初夏のある日、私は地中海を眺めながら、これまで多くの人が疑問を抱いたであろうようにホメロスはなぜこの海を「深い葡萄酒色」と描写したのだろうと訝《いぶか》しんだ。古代ギリシアには紺碧や深緑のワインがあったのだろうか？ それとも、黒雲が垂れ込めた海の詩的表現にすぎないのだろうか？ 研究者はさまざまな可能性を指摘しているが、そのなかには古代ギリシア人に色覚異常が多かったという説もある。

キプロス島のアフロディーテ神殿跡を散策していると、奴隷の漕ぐガレー船が水平線の向こうから現れそうな気がしてきた。かつてここにあった公衆浴場には大勢の人が集い、ワインを飲みながら目と鼻の先にある海を眺めたのだろう。神殿の大半の柱は淡い黄色の石灰岩だが、縞模様の入った黒っぽい大理石にねじれ溝を掘った柱も交じっていて、見る角度によってはくねくねと動いてい

るようにも見える。

地中海沿岸でもキプロス島では早くからワインが造られていた。エジプトやレバント（東部地中海沿岸地方）から伝わったようだ。トルコ南岸からわずか五〇マイル、レバノン西岸から一〇〇マイルに位置するキプロス島は、古代の交易の要衝だった。キプロス人がワインの製造・売買に商才を発揮したのは、おそらく五〇〇〇年前にさかのぼる。古代エジプトのファラオが香料や銅やワインを買いつけに島を訪れ、フェニキア人、ギリシア人、ペルシャ人、十字軍、オスマントルコ人、ヴェニスの商人もやってきた。誰もがキプロスワインを飲み、キプロスワインを買い入れ、キプロスワインをめぐって争った。当時、近くにアマサスという都市があり、その遺跡が島の南側、リマソールから数マイルのところに残っている。

キプロス島に来てから、古代のワイン造りに女性が果たした役割に興味を抱くようになった。ギリシア神話でキプロスの波間から生まれたとされている美の女神アフロディーテ（ローマ神話ではウェヌス、英語形はヴィーナス）は、ブドウの女神でもあった。アフロディーテ神殿跡で、私は神殿の端の山腹につくられたニンファエウムと呼ばれる二つの祠《ほこら》の前で腰をおろした。横六フィート、縦一二フィート、奥行き四フィートほどで、アーチ形のアルコーブにはかつては女神やニンフの像が安置され、花やシダなどが飾られていたのだろう。

ニンファエウムはもともと泉のそばにあったが、やがて宮殿や神殿や公衆浴場にもつくられるようになった。そこで結婚式が執り行われることもあり、キリスト教が広がるまではカルトの儀式も行われた。なによりもニンファエウムは女性の領域だった。世界でも数少ないブドウ用ワイン品種の雌株が、キプロス島の数ヵ所で今も栽培されているのも不思議ではないような気がする。大半のブドウ品種と違って、赤ブドウのマラテフティコ種は雌雄異株で自家受粉ができない。それなら、どうやって栽培を続けられるのだろう？　マラテフティコで造ったワインはどんな味だろう？

太陽がじりじりと照りつけてきたので、私は遺跡をあとにして、案内役を務めてくれるソムリエのゲオルギオス・ハドジスティリアーノに会いに行った。かつてキプロスはワイン造りで名を馳せていたが、一九八〇年代以降、世界的なフランスワイン隆盛の陰で地元品種は次第に忘れられた。だが、二〇年ほど前にまた一部のブドウ畑で栽培されるようになったという。キプロスワインは復活したのか？　それとも、アフロディーテ神殿のように過去の栄光の名残にすぎないのだろうか？

ゲオルギオスは郷土愛と国際的視野を兼ね備えた人物で、地元ワインの熱烈な支持者。キプロス生まれの、中肉中背だが並はずれた個性の持ち主である。左前腕に「イン・ウィーノー・ウェーリタース（酒の中に真実あり）」というラテン語の格言、右前腕には「リースリング」と「アシルティコ」というワイン名のタトゥーを入れている。ワインと料理に惜しみなく情熱を傾ける一方で、厳しい判定を下す超一流のソムリエだ。ニューヨークのイースト五四丁目にある「モンキー・バー」をはじめとする有名レストランで長年働いていたが、二〇〇八年に故郷に戻り、リマソールの海岸のヨットクラブの隣にある「ファット・フィッシュ」というレストランの共同経営者になった。

それから数日間、彼と二人で私が聞いたこともない品種から造られたワインを次々と試飲した。赤ブドウのマラテフティコやスプールティコで造った赤、ジニステリの白。ヤギとヒツジの乳から作ったセミハードタイプのチーズ「ハルーミ」も味わった。これはステーキのように焼いて食べる。

地元品種で造ったワインは新鮮なイカや小魚のフライともよく合った。キプロスワインには数千年にわたる輝かしい歴史がある。しばしば世界最古のワインと言われる極甘口のコマンダリアは、古代ギリシア人や古代ローマ人に愛され、イングランドのリチャード一世（獅子心王）が一一九一年にキプロスで結婚披露宴を開いたときに飲んだのもコマンダリアだったと言われている。中世のフランスの詩には、キプロスワインが「ワインの戦い」で世界一に輝いたという一節があるし、一六〇〇年代にはイタリアの劇作家もコマンダリアやキプロスの白ワインを絶賛している。しかし、こうした伝統にもかかわらず、地元品種はごく最近までほとんど栽培されていなかった。

一九七〇年にキプロス農務省が植え替え計画の一環として、フランスの人気品種の栽培を奨励したからである。ゲオルギオスによると、一九八〇年代にはフランスワインを飲むのが洗練されたワイン愛好家の証と考えられていたそうだ。ジニステリのような地元品種はうまく熟成しないとも言われたが、それは品種が原因というよりも、当時のレストランにはまともな貯蔵施設がなく、劣悪な保存状態でワインの酸化が進んだからだった。大手ワイナリーは安易な道を選び、フランスの品種で造ったワインを安値でロシアや東欧諸国に売りさばいた。

ワイン造りの長い伝統を持つ地中海の小さな島も、フランス有名品種全盛の世界的な潮流には逆らえなかったのである。それでも、自家製ワインを素焼きの容器に入れ、ジョージアのように地中に埋めて熟成させる農家も少数ながらあるとゲオルギオスは言った。ブドウは茎も含めて丸ごと使っており、その点も古代ワインの製法を受け継いでいる。

五〇〇〇年以上続いてきたキプロスのワイン造りに触発されるところは多いのではないかと私は

ゲオルギオスに訊いた。「もちろん」彼は即座に言った。「キプロスが世界で最初にワインを造った八ヵ国ないし一〇ヵ国のひとつなのは間違いない。フランスやイタリアやドイツやオーストリアは後発組だ。案外、みんなそのことを知らないんじゃないかな。ここで造るワインは国内消費のためだけじゃない。だが、九〇年代半ば以降の世代は格段に進歩したと思う。ワイン産業はずいぶん変わったよ。今の世代は物知りだ」地元ワイナリーが在来品種を復活させ、ブドウ畑の管理を改善すると、顧客の反応もよくなった。「次の世代か、その子供たちの世代か、それはわからないが、誰かがこの仕事を継承してくれると思えるようになってきた」

「地元品種を使うが、発酵、冷蔵、製品管理に関しては国際規格に準ずるわけだね」私は言った。「そのとおりだ」そう言うと、ゲオルギオスはそろそろ試飲しようと言った。むろん、私に異議はなかった。チャッカス・ワイナリーのジニステリを注いでもらった。蜂蜜と花の香りがして、バランスが絶妙だ。ゲオルギオスによると、熟成が進むにつれて辛口になり、かすかなハーブの香りがするそうだ。私はキプロスのような小国が地元品種を復活させて上質のワインを世界に売り出したのは大変なことだと褒めた。在来種を使ったワインを宣伝してくれるロバート・パーカーもいないのに。「たしかに、パーカーはすごいことをした」一〇〇満点採点法で、よくも悪くも有名になったワイン評論家をゲオルギオスは評した。「キプロスにもパーカーがいてくれたらと思う。悪く言う連中もいるが、世界中のワイナリーがパーカーに気に入られようとするのは本人の責任じゃない。男たちがきれいな女性を見たら追いかけるようなものだ」

キプロスワインがこの先も進歩し続けて世界で有名になることをゲオルギオスは願っている。

「［一九九〇年代に］初めてニューヨークにギリシアのワインを持っていったときには、誰もが真っ先に味わって、アシルティィコの『発見者』になりたがったものだ」最近、彼は五〇〇〇本保管できる温度管理されたワインセラーを店に導入した。これで地元ワインをうまく熟成させられる。そんな話を聞いているうちに、私はゲオルギオスが言った新世代のワイン製造者のひとり、マルコス・ザンバルタスに会いたくなった。

ザンバルタス・ワイナリーは、リマソールから一五マイルほど離れた小さな村にあった。トロードス山脈の麓にあるイトスギとマツの生い茂る村は、一年のうち数ヵ月は雪に覆われる。この一帯にはビザンチン帝国時代に建てられた修道院が点在し、一一世紀にさかのぼる建物もあるという。紀元前三〇〇〇年頃には、銅の採掘が始まったと言われている。キプロスという国名も、イトスギを意味するサイプレスも、ギリシア神話に登場する少年キュパリッソスが語源のようだ。可愛がっていた雄鹿を誤って殺してしまい、悲しみのあまりイトスギの木になった少年である。

マルコス・ザンバルタスは、ハンサムで気さくな醸造家だ。オーストラリアでワイン醸造を学び、そこで知り合った女性と結婚して、夫婦でニュージーランドとフランスで経験を積んだあと、二〇〇七年にキプロスに帰ってきた。当初は、長年誰も見向きもしない在来品種の分類をしていたマルコスの父もワイナリーの運営に携わっていた。山腹に建つワイナリーは、上が住居になっていて、下の階にある発酵室や熟成室、試飲室は一年を通して涼しい。化学の学士号を持っているザンバルタスは、世界で通用する醸造技術を駆使して地元ブドウでワインを造ることでキプロスのワイン業界を盛り上げようとしている。「二〇年ほど前まで、ここでは果汁をアルコールに変えることしか考えていなかった。地元の固有種のことも何も知らなかった。業界の低迷は当然と言えば当然だ」

今は亡き父アキス・ザンバルタスが地元品種に注目したのは一九八〇年代末で、老人たちから自分の祖父が植えていたと聞いた品種を探し始め、三年ほどかけて一二の品種を発見した。名前のわかるものもあったが、大半はわからなかった。こうした稀少品種を色や香りや味にしたがって分類した。そして、地元の修道院が貸してくれた土地を種苗場にして、プロマラ、スプールティコ、フロリコ、イアナウディ、カネラ、オモイオといった品種を育ててワインを造った。キプロスで最初に栽培されたのがマラテフティコらしいということもわかった。自家受粉しない品種だが、マラテフティコ三本ごとにスプールティコを一本植えると受粉を助けられることを発見した栽培者がいた。キプロスでは今でもこの方法でマラテフティコを栽培している。

現在、ザンバルタスは地元品種を使って、さまざまなフランス式の製法を実験している。たとえば、彼が造った二〇一四年物のジニステリは、単一の畑で収穫したブドウをオーク樽とステンレス容器を組み合わせて熟成させている。上質の白ワインで、とても爽やかだが、フルボディでスパイシーだ。新しいヴィンテージのものは、かすかなシナモンと蜂蜜の味がした。「時間はかかるが、いずれは地元品種だけで造りたいと思っている」とザンバルタスは言っていた。

二〇一三年物のマラテフティコを飲ませてもらった。滑らかな口当たりのフルボディの赤で、スミレとチェリーの香りがする。熟成が進んだら、もっとおいしくなるだろう。こんな素晴らしい地ワインがあるのに、キプロスでブルゴーニュやボルドーの有名ワインを飲むのはもったいない話だ。だが、古代遺跡や教会を見物に来て、地元のシーフードやチーズを味わっても、ワインリストに載っているシャルドネやピノを選ぶ観光客は決して少なくない。

ワイナリーを案内してもらいながら、ザンバルタスに化学を専攻したことと醸造家になったことは何か関連があるのかと訊いてみた。「ワイン造りを仕事にしたのは、一番興味深い形で化学を応用できるからだ」とザンバルタスは言った。実際、ワイン造りはブドウ、土、発酵、熟成がすべてそろわないと特有のフレーバーを生み出すことはできない。「そのメカニズムはある程度解明されているが、まだわからない部分もある。ワイン造りは、ある意味、非常に複雑な化学現象だ。ブドウの目的は、捕食動物を「フレーバーで」引き寄せて、種子を運ばせて繁殖することだがね」

ワインが熟成するにつれてフレーバーが化学的に変化するという話は私にはとても興味深かった。ザンバルタスはタンニンがフレーバーをまろやかにする仕組みを説明してくれた。「結果は予測できないが、なんらかの化学反応が起こることはわかっている。タンニンの分子は最初のうちは比較的小さいが、時が経つにつれて、特定の部位で結合する」その段階で、ワインは革や葉巻の箱のようなアロマを醸し出す。「これは瓶発酵だけで、樽発酵では起こらない現象で、ブドウや発酵のせいではない」

タンニンの分子は大きくなりすぎると、瓶の底にたまる。だから、時が経つとワインの色は薄くなる。（赤などの）色素を含んでいるのはタンニンだからだ。ザンバルタスによると、酸素もタンニンの分子を結合させる働きがあるが、いつもそうとは限らないという。普通、熟成の過程でタンニンは酸素を吸収するが、ワインが急激に酸素を吸収すると、タンニンの分子はそのスピードについていけない。すると、芳香成分の分子が過剰な酸素を吸収し始め、アロマが劣化する。ワインは華氏六〇度（摂氏一五度）くらいで保存しなければならないのはそのためだ。それ以上の温度になると、分子が酸素を吸収して変化し、したがってアロマが変化してしまう。

化学の知識をワイン造りに応用するうえで一番厄介なのは、伝統とイノベーションのバランスだとザンバルタスは言う。彼はコマンダリアの風味を現代人の好みに合うように変えようとしているが、これはアメリカでコカ・コーラのフォーミュラを変えるようなものだろう。きっかけは、従来のコマンダリアはアルコール度が高すぎるし、甘すぎるという顧客の声だった。

「二〇一一年に造ったのが最初だ。翌二〇一二年にも造ったが、まだ樽の中［で熟成中］だ」と彼は言った。「うちでは……酒精強化するつもりはないから」伝統的なコマンダリアのアルコール度数は一五度だが、ザンバルタスのコマンダリアは一二・五度から一三度で、酸味が強い。「まだ瓶詰めしていないが、テイスティングの反応は上々だ。コマンダリアを完全に変えるのではなく――それは冒瀆《ぼうとく》だから――新たによみがえらせようというわけだ」樽から出したコマンダリアを試飲させてもらった。大手ワイナリーの人気ブランドも飲ませてもらったが、比較にもならなかった。ザンバルタスのコマンダリアは最高だった。

涼しいワインセラーから外に出て、小さな峡谷を見渡した。ワイン畑はそれほど広くはなく、段々畑の石垣ばかりが目立つ。「昔は山全体がブドウ畑だったが」ザンバルタスは無念そうだった。「夏になると見渡すかぎり緑だったのに、今では茶色だ。あの石垣は全盛期の名残だよ」

それでもザンバルタスは楽観的だ。彼のワインに少しずつ注目が集まりつつある。実際、私がいる間にも、キプロスに来てからザンバルタス・ワイナリーのことを知ったというイギリス領ケイマン諸島から来た観光客が数人来ていた。テイスティングに大いに満足した様子だった。キプロスのワイナリーに投資するのは無謀かもしれないと認めながらも、ザンバルタス夫妻は着々と国際的市場への進出を図っている。イギリスの「マスター・オブ・ワイン」、アンジェラ・ミューアと提携して、キプロス島に世界各国のワイン生産者を誘致する計画も進めている。すでにオーストラリア、フランス、ニュージーランドから賛同者が移住してきた。収穫期にはボランティアが来て、ワインを報酬として持ち帰るそうだ。

キプロスを離れる前に、新たな製法に取り組んでいる醸造家をもうひとり訪ねた。植え付けを終えたばかりのブドウ畑を案内してもらいながら、こうした努力は地元で歓迎されているのかと訊いてみた。いや、むしろ新しい試みが――それが地元品種の復活であっても――頓挫するのを内心期待しているだろうと彼は答えた。ジョージアでもイスラエルでも感じたことだが、変化に対する抵抗がここにもあった。輝かしい伝統も儚《はなか》いものだと思い知らされた。数千年もの間ヨーロッパ中で名を馳せてきたキプロスワインは忘却の彼方に葬られ、島の気候に合わないフランスのブドウ品種で造った安物ワインが幅を利かせている。

二〇〇四年に開館した小さなキプロスワイン博物館では、広い視野からワインの歴史を眺めることができた。考古学上の発見や歴史的文献が展示され、この島でワイン造りがおよそ五〇〇〇年前に始まったことを示していた。この数字は多くの研究で裏付けられている。キプロスのブドウ品種がワイン用ブドウ品種の家系図のどこに位置するかという研究も始まっていた。ＤＮＡ解析の結果、キプロスのマラガ種は、マスカット・オブ・アレキサンドリアと遺伝的に類似していることが判明したそうだ。おそらく、数千年前にエジプトから持ち込まれたのだろう。さらに、キプロスのモスカートとブルガリアのタムヤンカは同一品種で、どちらもギリシアのモスカート・ケルキラやイタリアのモスカート・ビアンコと同族関係にあることもわかったという。どの国で最初に栽培されたかはわからないが、ワイン製造が東から西に伝播したことを考慮すると、イタリアではないだろう。キプロスの固有品種シデリッツのDNAはさらに複雑だ。地元のどの品種にも似ていないだけでなく、地中海沿岸に生息するどの品種とも近い関係にない。何千年も前に島で生息していた野生種の忘れられた親戚なのだろうか。それとも、貿易船が持ち込んだか、遠くから鳥が島に運んできたかした種が進化したのだろうか。世界中のブドウ品種の家系図を作りたいというホセ・ヴィアモーズの夢は、思っている以上に困難な作業かもしれない。

隣国のギリシアに立ち寄ってみて気づいたのだが、キプロスでもギリシアと同じことができるのではないだろうか。ギリシア政府は一九九〇年代に地元ワインを支援する計画を推進した。その結果、今ではギリシアワインがアメリカ中のレストランやワインショップで手に入る。

ギリシアにはいいワインの産地がたくさんあるのに、アテネに短期滞在する計画しか立てていなかったことが悔やまれた。ヘテロクリトという居心地のいいワインバーで、共同経営者のマリ・マドレーヌ・ロラントスに手渡されたリストには、驚くほど多くの銘柄がグラスやボトルで提供されていた。ギリシアの代表的な白ワイン、アシルティコはミネラル分が豊富で、口当たりがとても爽やかだ。シガラスはフルーティーでバター風味の赤、アヴグスティアティスには馥郁《ふくいく》としたスミレのアロマが漂う。クシノマヴロの赤を試飲してみた。フルーティーだが、かすかにトマトの香りがしてスパイシーだ。こんなワインは飲んだことがない。

パルテノン神殿に向かって小道を進みながら、私は古代のアテナイに思いをめぐらせた。紀元前四三八年頃完成したというパルテノン神殿がこれほど大きな建物だったとは——奥行二二八フィート、幅一〇一フィート、高さ約五〇フィート——写真ではわからなかった。一マイルほど低いところに建てられたオリンピア・ゼウス神殿は、それ以上の規模だったという。この二つの神殿跡を見学したあと、ディオニューソス劇場の彫像の前で足を止めた。ディオニューソスはワインの神で、一万六〇〇〇人を収容できるこの劇場ではギリシア悲劇や喜劇が上演されていた。その彫像はディオニューソスの友人で、いつも酩酊していたと言われている半獣、パッポシレノスの像だった。なめし革のような肌や、髭や髪をなびかせて狂おしい目をした巨大なパッポシレノスの特徴をよく捉えた彫像だ。アテナイでは毎年、都市でも田舎でもディオニューソス祭が開催されていた。プラトンをはじめとする著述家たちは、ディオニューソス祭を「ディオニューソスを信仰する女たちが飲みすぎて正気を失う乱痴気騒ぎ」と評している。エウリピデスの悲劇では、コロス（合唱隊）がこんな歌を歌う。

> 幸運にして神の儀式を知り、潔白な生活を送り、魂をバッコス（ディオニューソス）の祭りに捧げて、聖なる浄化とともに山々を神がかりで踊り回る人、大地母神キュベレーの謎を崇め、蔦を配した花輪を振り回して、ディオニューソスに仕える人は幸いである。

ギリシアとキプロスから帰国したあと、私はアフロディーテやディオニューソスに関する文献を調べてみた。ワインの製法が地中海を越えて西に伝播したように、宗教や文化も同じルートをたどって広がっていった。そして、異教徒の儀式もコーカサス山脈や肥沃な三日月地帯から、長い時間をかけて西方にたどりついた。

アフロディーテと聞いて連想するのは、ルーブル美術館に所蔵されている『ミロのヴィーナス』に代表される魅惑的で無垢な乙女や、ボッティチェッリの『ヴィーナスの誕生』に描かれた、ホタテ貝の殻に乗って髪をなびかせた姿――キプロス島の波間で生まれたという説を裏付ける構図――だろう。しかし、アフロディーテにまつわる古代神話はもっと複雑だった。かつてキプロス島には、アフロディーテのちにはヘルマプロディートスと呼ばれた両性具有神信仰があったという。この神は鬚と乳房、男性器を備えていた。さらには、キプロスの船乗りは、アフロディートスという女性戦士を崇拝していた。肥沃な三日月地帯で栄えた古代文化には、ワイン、結婚、生贄にまつわるアフロディートスの儀式があったという。

パトリック・マクガヴァンによると、メソポタミア、エジプト、アナトリア（小アジア）では、発酵酒の製造と販売に女神と女性が重要な役割を果たしていたそうだ。紀元前二四〇〇年頃、ワイン販売をしていたアザグ・バウという女性が、古代エジプトのキシュ王朝で高官に起用されたという記録がある。古代社会で女性がワインといった高価な商品の製造や販売を担っていたのは確かだ。ジェームズ・ジョージ・フレイザーは、神話と宗教の画期的研究書『金枝篇』の中で、キプロスのアフロディーテの儀式は、エジプトのオシリス信仰に酷似しており、元をたどれば、英雄ギルガメシュに言い寄ったヒッタイトの女神イシュタルに行き着くと書いている。
古代バビロニア人は、ブドウの母であるゲシュティンアンナという女神を崇拝していた。最古の叙事詩とされる『ギルガメシュ叙事詩』に登場するシドゥリは、自家製ワインを売る酒場を営み、男性たちのセックスシンボルで、話の聞き役だった。ギルガメシュがシドゥリの酒場を訪れたとき、彼女はギルガメシュの荒々しい風貌に恐れをなしてドアを閉ざしてしまう。それでも、最終的には彼を招き入れ、危険な旅をやめるよう説得しようとする。そして、ギルガメシュの自慢話を聞いたあと、おそらく人類最初の「今を楽しめ《カルペ・ディエム》」という忠告をして、女性や子供の扱い方を伝授する。

そうは言っても、ギルガメシュ、お腹を一杯にして、
昼も夜も楽しまなくては
毎日、陽気に過ごすのです
衣服は清潔に保って、
頭を洗って、冬でも入浴なさいますように！
あなたの手を握っている子供から目を離さず、
あなたの妻を繰り返し抱擁して楽しませなさい。

古代ギリシアや古代ローマでは、現在の「夜の女子会」に相当する熱狂的な祝典が開かれていた。

ワインの神ディオニューソス（ローマ神話ではバッカス）を崇拝するカルトでは、年に三日間、女性だけの祭りがあった。「ディオニューソスのオルギア（儀式）に参加したギリシアの女性たちには、男性優位の社会に対する敵意や不満を表す手段が与えられており、一時的に家庭や家事を放棄して、かなり放埒な行動にふけっていたようだ」と歴史家のロス・クレイマーは書いている。

踊ったり、蛇使いの儀式を行なったり、夜間に山を歩いたりするだけの祭りもあったが、女性たちが性的自由を満喫する祭りもあった。場合によっては男性も参加を許されたが、女装するのが条件だった。ローマ帝国期のギリシアの著述家ピロストラトスは、三世紀のこうした祝典を記述している。「松明《たいまつ》は灯されているが、目の前が見える程度で、周囲の人間の顔は見えない。どっと笑い声が上がり、女たちが男といっしょに駆け出していく。［男の］サンダルを履き、男の服を妙な着方で着ている。祭りでは女が男の服装をすることが許され、男は『女の服を着て』、女の歩き方をまねることになっているからだ」

アフロディーテの起源を調べていくうちに、ワインの歴史の中でキプロス島が文字通り、そして比喩的な意味でも、転換点として浮かび上がってきた。三〇〇〇年ないし五〇〇〇年前、東方の祝祭ではワイン、女性、性欲、繁殖といった要素が大胆に絡み合っていた。その後、古代ギリシア、古代ローマ、そして、最終的にはヨーロッパの文明はすべてワインの要素だけを保持し、異教の公開儀式を制限したり白眼視したりするようになった。

五世紀に活躍した古代ローマの著述家マクロビスは、農神サトゥルヌスを祝したサトゥルヌス祭に関する著述の中で、多性愛の儀式に触れている。

キプロス島には、顎鬚をたくわえ、女性の姿で女性の服を着ていて、笏《しゃく》を持ち、男性器のあるヴィーナス像もあり、男性であり女性であるとされている。アリストパネスはこの像をアフロディートスと呼び、ラエヴィウスは次のように書いている。

それならば、育みの神ヴィーナス崇拝は、その神が男性であれ女性であれ、夜を照らす［月］が育みの女神であるのと変わりはない。

しかし、やがて二重基準が確立した。古代ギリシアや古代ローマでは、男性は公然と酒を飲んだが、女性は飲酒すると厳しい刑罰を受けた。紀元前七世紀には、ローマの建国者ロムルスが、酒を飲んだ妻は死罪に処すと宣言し、紀元後三〇年頃には、ウァレリウス・マクシムスが、「ワインを飲んだ妻を撲殺した」男がいたと報告している。「男は訴追されなかっただけでなく、誰にも非難されなかった」それでも、女性が医療目的のためと称して、こっそり酒を飲んでいると嘆く著述家たちもいた。二世紀頃のローマの風刺詩人ユウェナリスは、ワインに解き放たれる女性の情熱に憤慨し、時として恐怖を感じていたようだ。

「酔っぱらったヴィーナスが品位を保てるだろうか？　誰が誰やら見分けがつかず、夜中に巨大な牡蠣を食べ、混ぜ物をしていないファレルヌスワインに泡立つ軟膏を注いで、香水鉢から飲むと、天井がぐるぐる回り、テーブルは踊り、すべての灯が二重に見える」とユウェナリスは書いている。そして、聖なる儀式も堕落してしまうと嘆いた。「女性のための特別の女神［ボナ・デア］の謎はもはや謎ではない！　女性はワインと騒々しい音楽で興奮し、正気を失って、金切り声をあげて身もだえし、男根像を拝む。そして、性行為が［……］。神殿に大声が響く。『男を連れてきて』。やがて、代わりの男が欲しくなって、神殿から走り出ると、使用人に飛びかかり……女性を閉じ込めてやめさせることはできない。誰が護衛を護衛すればいいのだ？」

女性たちはこうした男たちの批判的で威圧的な言動に――少なくとも舞台の上では――反撃した。紀元前四〇〇年頃、ギリシアの悲劇作家エウリピデスは、『バッコスの信女』の中で、ディオニューソスの魔法にかかった女性たちを描いている。劇中、王女アガウエーと女性たちは森で休息していたところを男たちに邪魔されて、大暴れする。「男たちが追いかけてくる！　私の後に続いて！　杖を武器にして！」とアガウエーは叫び、男たちは逃げ出す。その後どうなったかディオニューソスが語る。

もう少しで女たちに八つ裂きにされるところだった。武器も持たず、女たちは牧場で草を食んでいる牛の群れに襲い掛かった。ひとりの女が素手で肥った仔牛を引き裂き、まだ恐怖の悲鳴を上げている仔牛を真っ二つにした。ほかの女たちはまだ若い牝牛に爪を立てて引き裂いた……やがて、村人たちが女たちの所業に腹を立てて武器を取って反撃に出た。ところが、恐ろしいことが起こった。男たちの槍は切っ先が鋭いのに血を流させることができず、女たちの杖は致命傷を加えられるのだ。男たちは逃げ出し、女たちの圧勝だった。どこかの神もいっしょに逃げていた。

アフロディーテやディオニューソスを信仰する古代の女性たちが実際に狼藉《ろうぜき》を働いたという記録はないが、エウリピデスの劇が少なくとも潜在的な緊張を伝えているのは事実だろう。

Tasting

ギリシアワインは全米の多くのワインショップやレストラン、そして、オンラインで簡単に見つかる。だが、キプロス産はそういうわけにはいかず、手に入れるにはキプロスに行くしかない。キプロスワインの赤には、熟成するほどおいしくなるものがある。ただし、これは私の推測だ。

◆キプロス

・ザンバルタス・ワイナリー

ここ以外にも、小規模だが評判のいいワイナリーとして、エゾウサ、ツァイッカス、ヴラシデスが挙げられる。

◆ギリシア

・ドメーヌ・グリナヴォス、ジツァ村
・メシムネオス・オーガニックワイン、レスボス島
・イェア・ワイン、アテネ
・「リティナイティス・ノビリス」、レツィーナ・エステート・アルギュロス、サントリーニ島
・ドメーヌ・フォイヴォス、イオニア諸島

・パピア、西マケドニアのドメーヌ・シガラス、サントリーニ島
・マヴロトラガノ・マンディラリア（赤）

第二部

ワインは口から入り
愛は目から入る、
それだけは真実だ
年老いて死ぬ前に
私はグラスを口に運ぶ
そして、あなたを見て、ため息をつく

——ウィリアム・バトラー・イェイツ
「酒の歌」一九一〇年

10章 ゴリアテ、そして、見つかった答え

いくら無知を隠したところで、
夜になってワインを飲んだら暴露する。
――ヘレクレイトス、紀元前五〇〇年頃

イスラエルを再訪したのは、九月初め、大型の砂嵐が一帯を襲ったときだった。飛行機は飛ばず、学校はすべて休校になり、救急隊が出動して呼吸困難に陥った多くの市民の手当てに当たり、エルサレム政府は通常の一七三倍の大気汚染が発生したと発表した。私が再びエルサレムを訪れたのは、クレミザンのワイナリーがちゃんと存続しているのか、苦戦を強いられているか、それとも活気づいているか、それが知りたかったからだ。そして、できることなら、数年前にホテルの部屋で私の心をとらえたクレミザンのあの赤ワインの謎を今度こそ解いてみたかった。その後、私はクレミザンの白のファンになったが、赤にはあのときホテルで味わったスパイシーさや土の香りはまったく感じられなかった。おそらく、造り手だけでなく、ほかにも何かが変わったのだろう。

今回のイスラエル訪問では、前年の春知り合った食物史を研究している歴史学者ユーリ・マイヤ

ー・シシックが主催する食物採集ツアーと、エルサレムのエメック・レファイム・ストリートで落ち合った考古学者アレン・マイヤーの遺跡発掘ツアーに参加することになっていた。古代人がこの地域でどんな生活を送っていたか知りたい私には、どちらもおあつらえ向きの企画だった。

数日間、砂嵐は容赦なく吹き荒れ、私はやきもきしながら過ごした。それでも、記録的な砂嵐もようやく収まって、やっと食物採集ツアーに参加できた。砂嵐は古代の暮らし方を考えるヒントになったとマイヤー・シシックは言う。自分の住んでいる場所をきちんと理解しておかないと、どこでいつ何を採集すればいいかわからない。どの植物がおいしく食べられるか、どこでそれがたくさん手に入るか知っておく必要があるし、採集する植物の名前を知らないと、部族間で採集や危険に関して意思疎通が図れない。「周囲のすべてに目配りする必要がある。異常に暑かったり、砂嵐が発生したりすれば、計画を変更する臨機応変さも必要だ」それは古代のワイン造りにも言えることではないかと私は思った。

マイヤー・シシックが食に関する研究を始めたのは、妻のタリのために料理したのがきっかけだった。人間は食物をどこで手に入れてきたのか、古代人は何を食べていたのか知りたくなった。次第に興味が高じて、今では夫妻で健康的な食生活や健全なコミュニティづくりを促進するさまざまなプログラムやイベントを提供している。ユダヤ人もアラブ人もキリスト教徒もほとんど同じものを食べているのだから、めざすところは同じはずだというのがマイヤー・シシックの持論だ。

採集ツアーはガラリヤの北部にあるビリヤの森で開催されたが、マイヤー・シシック夫妻が暮らすキブツ周辺も、豊かな自然に恵まれていた。たわわに実ったナツメヤシは誰でも自由に採っていいという。私は二種類のナツメヤシを大きな袋にせっせと詰めた。強烈な甘い香りはさながらフルーツ爆弾だ。

ユダヤ教の祝祭の大半は伝統的な農耕行事、すなわち、種蒔きや秋の収穫にまつわるもので、ミシュナー（ユダヤ教の慣習法）では食物やワインの扱い方が細かく規定されているとマイヤー・シシックは言う。古代にはそうした知識が生き延びる力になったにちがいない。古代ワインは腐敗や汚濁がひどかったという研究者もいると私が言うと、彼は言下に否定した。古代人は時間をかけて食物の貯蔵や保存法を考え出した。この一帯で産出する石灰岩を使った地下貯蔵庫は、夏は涼しく冬は暖かい。だが、ユダヤ人がワインの扱いに関して具体的に指針を策定したのは事実だ。ブドウは聖書の申命記に記されている最初の七つの食べ物のひとつだから、特別な配慮が必要だったのだろう。

集合場所にはまだ誰も来ていなかったが、マイヤー・シシックがさっそく採集を開始するというので、私も彼に続いて森に入った。イチジクの木立があったが、実はほとんど残っておらず、硬い実がいくつか枝についたまま枯れているだけだった。そばにフェンネルが自生していたので何本か抜いた。キャロブ（イナゴマメ）の木は暑い最中でもたくさん実をつけていた。

エルサレム・ヘブライ大学で蜂の研究をしているシャローニ・シャフィールが、妻と三人の子供といっしょにやってきた。地元の伝統的食文化が消えつつあると嘆き、生物学的多様性だけでなく、遺伝的多様性や文化的多様性も重要だと主張した。このツアーに参加したのは、自然の豊かな恵みや、現代人が忘れてしまった食物採集法を子供たちに教えたいからだという。

参加者がそろうと、森に入って思い思いに食べられる植物を探した。子供たちはクルミの木に登って実をもいでくると、石で殻を割った。ケッパー、ピスタチオ、パレスチナ・バックソーンベリー、スマックシード、松の実、まだ熟していないホーソンベリーやオリーブも見つかった。マイヤー・シシックが収穫物――大半がスパイスと香料だったが――を集めて、焚火で昼食を作ってくれた。

参加者たちは満足して帰っていったが、マイヤー・シシックはキブツに戻る車の中で、食文化の継承の難しさを訴えた。「伝統がどんどん廃れ、何千年もかけて蓄えた知識が失われていく。近年、ヘルシーフードやローカルフードが脚光を浴びるようになったが、イスラエルではまだまだだ。伝統を守るためにしなければいけないことが山のようにある」

伝統を継承する難しさはワインにも言えることで、一時期、地元品種はクレミザン修道院でしか使われていなかった。長年キブツで暮らしているマイヤー・シシックが当時の状況を説明してくれた。イスラエルは一九七〇年代までは比較的貧しい国で、ワインに関心を向ける余裕がなかった。そのうえ、第二次世界大戦後にヨーロッパ各地から集まってきてイスラエルを建国した人々はヨーロッパのワインになじみがあったから、中東のブドウ品種に興味を持たなかった。だが、国が豊かになるにつれ、若い世代は地方のキブツの生活に飽き足らなくなった。現代的な都会暮らしは魅力的だし、はっきり言って楽だ。私はホセ・ヴィアモーズが若いスイス人がブドウ畑で働きたがらないと嘆いていたのを思い出した。

マイヤー・シシックはさまざまな企画を立てて、地方への関心を喚起しようとしている。貧困と治安の悪さに悩まされてきた都市ロードで古い市場を改修する計画も立てている。ヨルダンから数マイル離れたところに環境公園をつくる話も進んでいるという。「ヨルダン側とも話し合わなければならない。協力するためには相手を知る必要がある」と彼は言う。「それが隣人とつながる方法だと思う。同じ土地には同じ果物や野菜が育ち、その土地の伝統が生まれる。僕に言わせれば、伝統をつくるのは人間ではなくて土地だ」

ブドウ品種にも同じことが言えると思う。

クレミザン修道院のワイナリーの前にツアーバスがとまっているとは夢にも思っていなかった。イギリス人が三、四〇人ほど、ぞろぞろバスからおりてきた。ノルウェー人の三人組もベツレヘムからタクシーで見学に来ていた。パレスチナ人の醸造家ライス・コカリーと農学者のファディ・バタシュが、瓶詰め室で見学者を出迎えていた。いつのまにかクレミザンは商業ワイナリーに変貌していた。銀髪の紳士が私に話しかけてきた。クレミザンワインに惚れ込んで見学に来たが、パレスチナ人が造っているとは知らなかったと言っていた。

このツアーを企画したのは、イギリスのクレミザンワイン輸入業者デラ・シェントンだった。ツアー客が写真を撮ったり、コカリーの説明を聞いたりしている間に私はシェントンに話しかけた。五〇代で、大きな眼鏡をかけ、気さくでさばさばした性格の持ち主だ。二〇〇五年に修道院が中東以外にも輸出し始めたときから、クレミザンワインをイギリスのレストランやワインショップや教会に販売しているという。当初は契約しても、予定どおり進むことはめったになかった。「出荷が、たとえば二月と決まっていたとすると、届くのは六月だった」

ワイナリー見学が終わり、新しくできたギフトショップに移動した。テイスティングしたり、ワインを買ったりする客でごった返している。「当時とくらべたら、はるかに仕事がやりやすくなったわ」シェントンは話を続けた。「品質も格段に向上した。今では自信を持って宣伝できる。正直なところ、これまではあまり積極的に売り込まないようにしていたけれど。やっと世間が追いついてきた感じね」私はロンドンの有名なレストラン、オットレンギのソムリエがクレミザンワインを褒めていたと言った。「ああ、あれは私が売ったのよ」シェントンは笑顔で言った。

私はホテルの部屋で見つけたクレミザンの赤に惚れ込んだと打ち明けた。そして、なぜ今のクレミザンワインにはあの圧倒的な魅力がないか不思議だと言った。すると、シェントンはエルメネジルド・ラモン神父の話をしてくれた。一九四九年にイタリアからこの修道院にやってきて、長年ワインを造っていたそうだ。地元品種のことは上の世代から聞いたようだ。

「サレジオ会の長老で、ワインを知り尽くした一流の醸造家だった。ここのブドウ栽培やワイン造りにかけては知らないことがないぐらい。でも、神父はその豊富な知識を自分の頭の中だけにとどめていたの。スプレッドシートはもちろん、書き留めたものは何ひとつなかった」シェントンは無念さを声に滲ませた。「その種の情報を文字で伝えるのが難しいという一面があるのは確かだけれど。残念なことに、神父は体を壊してからアルツハイマー病にかかり、パーキンソン病も発症して、とうとうイタリアに戻らざるをえなくなった。当時はこのワイナリーも厳しい時期で、大量のワインを処分するはめになった。樽の中身を誰ひとり知らなかったから」その後、リカルド・コタレッラをはじめとするイタリアの醸造家たちが全面的支援に乗り出し、資金を提供してクレミザンを救った。しかし、伝統の一部は失われた。現在では修道士たちはワイン造りに関わっていないという。

頭がくらくらしてきた。あの赤ワインの味がクレミザンの新しい赤と違う理由がようやくわかった。ラモン神父は豊富な知識を現在の造り手であるライス・コカリーやファディ・バタシュに伝えなかったのだ。DNA解析や質量分析をしても、液体クロマトグラフィーによる測定をしても、私が味わったワインがよみがえることはもはやないだろう。ラモン神父は五〇年以上ワインを造っていたが、私が知るかぎりでは、ワイン評論家や専門誌のインタビューを受けたことは一度もなかった。

あのときホテルで味わったあの土の香りが消えてしまった理由もわかった。クレミザンの古い発酵樽はコンクリートで内張りしてあった。ステンレスタンクが一般化するまではよく使われていた方法だ。コンクリートとステンレスとでは、ワインの呼吸の仕方が違うから、中の微生物の種類も違ってくる。コンクリートタンクだと、アンフォラやクヴェヴリで発酵させたようなミネラル感が出てくるのだ。カリフォルニアのブティック・ワイナリーの中には、今でもコンクリートタンクで発酵させているところがある。

だが、コタレッツラが製造に乗り出してからは、コンクリートタンクは使われなくなった。シェントンによると、かつてはアリカンテなどさまざまな品種をブレンドしていたそうで、それがあのスパイシーな味わいを醸し出していたようだ。しかし、新しいクレミザンの赤にはアリカンテは使われていない。

あの赤ワインは二度と味わえない。そう思うと、妙な言い方かもしれないが、解放されたような気がした。味覚に関する文献を読んで、味の感じ方には心理的要因が多く、記憶は当てにならないと納得しようとした。だが、ワインの味そのものが変わっていたのである。そして、あの味を追い求める過程で、いつのまにか私自身も変わった。去年の春には理解できなかったことが理解できるようになった。

醸造家のエフタ・ペレツはイスラエル最大級のワイナリーであるビニャミナ・ワイナリーで働いている。彼もブドウの歴史に関心があり、クレミザンで使っている品種やイスラエルの野生種を調べ、遺跡のワインの残留物も研究している。かつてダビデ王やソクラテスが飲んでいたワインを再現してみたいというのが彼の夢だ。「ワインは自由な精神の持ち主で、独自のルールがある。僕には歴史の一齣《ひとこま》で、興味が尽きない。過去は、常にそうだが、実はとても身近なものだ。［だが、］僕にとって過去は単なる過去ではなく未来なんだ」

あのとき彼が何を言いたかったか、やっとわかった。無意識のうちに、私は六〇〇〇年前のアルメリアの洞窟から、一気に現在や未来のワインに飛ぶような考え方をしていた。過去を知ることは私には現在を知ることだったのである。

私はクレミザンをあとにして、いったんエルサレムに戻ると、今度は古代都市ガテに向かった。発掘現場を自分の目で見てみたかったのだ。

考古学者のアレン・マイヤーが案内してくれたのは、私にはなんの変哲もないように見える埃っぽい山の斜面だった。「ここに城門の塔があった。ということは、この地面のすぐ下には鉄器時代の遺跡が発掘されるのを待っているわけだ」とマイヤーは言った。私は巨人ゴリアテの生地とされるガテの地に立っていたのだ。ここには何千年もの歴史が土と埃に埋まっている。あたりは静まり返り、聞こえるのは虫と鳥の声、そして、遠くの発電所の音だけだ。四〇〇〇年前にペリシテ人が栄華を誇った山腹が青空を背景に浮かび上がっていた。

まだ大半が手つかずの遺跡を回りながら、私はハイテク機器のおかげで発掘調査が楽になったのではないかと訊いた。マイヤーは考古学を一万ピースのジグソーパズルに譬え、つながったのはまだ三〇〇ピースにすぎないと言った。しかも、参考になる完成図が箱に描いてあるわけではないと苦笑した。ハイテク機器の貢献という問題なら、一八〇〇年代の医学と現代の医学との違いだろうという。どんな時代も医者は患者を救おうと努めてきたが、現在はＭＲＩで病巣をピンポイントで突き止められる。

「我々が［今］発掘しているものの一部は、二、三〇年前には存在すら知られていなかった」とマイヤーは言った。「古代遺跡をマイクロビューできる時代だからね。私に言わせれば、ペリシテ人は必ずしも古代イスラエルのユダヤ人の大敵ではなかった。あそこで［紀元前］一〇世紀から九世紀に建てられた神殿を発掘したんだ」とマイヤーが指さしたのは、古い石垣のそばの地面の穴だった。「祭壇の隣にさまざまな供物にまじって、エルサレム地方の粘土で作られた壺が見つかった。しかも、その壺にはユダヤ人の名前が刻まれていた。つまり、エルサレムからその壺を持ってこのペリシテ人の神殿に詣でた人間がいたということだよ」サンプルの小片を分析して組織を明らかにする薄片岩石分類という手法で、どこの粘土か特定できたそうだ。

遺跡からはほかにもガテの最盛期だった紀元前二〇〇〇年頃につくられたワイン容器や工芸品が数多く出土しているが、それを見るかぎり、古代人は私たちが思っているよりずっと広範にわたる交易を行なっていたようだ。ペリシテの石膏を質量分析法で調べた結果、ギリシアから運ばれてきたとわかった。古代の豚の骨のDNA解析でも、驚くべき事実が判明した。「ペリシテの豚は［元をたどれば］ヨーロッパからもたらされた」とマイヤーは言った。「［以前なら］その事実を知ることはできなかった。こうした事実は、我々が語る物語に深みと色彩を加え、輪郭に肉付けしてくれる」

二〇一三年、イスラエルの発掘チームが、古代エジプトやギリシアをはじめとする諸国と交易のあった沿岸の都市ドルで、三〇〇〇年前の陶器にシナモンなど異国のスパイスの残留物を発見した。分子解析の結果、インド産のシナモンと一致したが、アフリカなどでも同じものが見つかっている。「古代人は小さな村で身近なものだけに囲まれていたというイメージがあるが、実際には遠くから――我々の想像を超えた場所から、多くの物品が入ってきていた。遠隔地貿易によってさまざまなものが輸入され、日常生活や儀式で重要な役割を果たしていたわけだ」

私たちは山腹をおりて干上がった川床に向かった。「同じことが今のイスラエル人とパレスチナ人にも言えるんじゃないだろうか。たしかに紛争は絶えないが、その一方で、我々は共に生き、共に働いて、同じものを食べ、同じ服装をして、同じユーモアを解する」とマイヤーは言った。

マイヤー・シシックも同じようなことを言っていた。ガテを離れてから、そして、帰国してからも、私は何度もそのことを考えた。『オックスフォード版ワイン必携』にこの一四〇〇〇年間の大半、聖地にはブドウ畑がなかったと書かれているのはなぜだろうと疑問に思ったのが嘘のような気がした。謎のワインを追い求めて旅を続けるうちに、中東の人々、いや、世界中の人間がそれほど一面的に割り切れるものではないことに気づいたからだろう。

こうして、あのクレミザンワインの謎は、少なくとも私の中では、あらかた解けた。クレミザンのブドウ品種がワイン用ブドウ品種の進化の系図のどこに位置づけられるかは、近い将来、シビ・ドローリの研究チームが突き止めてくれるだろう。あとはその答えを待つだけだが、その間にワイン伝播ルートの次の中継地を訪問することにした。イタリアである。

11章 イタリア、レオナルド・ダ・ヴィンチ、自然派ワイン

シチリアの深紅のワインを飲んだ!
エトナ山の裾野で育ったブドウを搾った
燃えるように赤いヴィンテージワイン
柔らかな秋の太陽がどれぐらい照りつけたのか
私はそのワインを飲んだ!
——ベアード・テイラー「シチリアワイン」一八五四年

イタリアにワイン造りが伝播したのは三五〇〇年ほど前、すでに製法が確立していたギリシアから西方に広がったようだ。なかでもシチリア島は大規模なワイン造りが最初に始まったところなので、私は島でワイナリーを構えるアリアンナ・オッキピンティを訪ねることにした。不愛想な男性醸造家が圧倒的に多い業界で、まだ二〇代の女性醸造家に注目が集まるのは無理もないだろう。彼女が造る赤ワインはフレッシュなのに深みがあり、テロワールが感じられる。ワイン雑誌には、モデルさながらに波打つ黒髪をなびかせた彼女の写真が掲載されている。石灰岩の古壁を背景にワイ

ン樽に腰かけるオッキピンティ、かがんでブドウ畑の土を調べる彼女は若いエネルギーを発散させている。

私が初めて彼女のワインを飲んだのはノース・カロライナ州ローリーで開かれた試飲会だった。味わったとたん、アメリカで両海岸の主要都市以外でも彼女の名声が広がっている理由がわかった。ネロダーヴォラをはじめとするシチリアに古くからある品種で造るオッキピンティのワインは、世界中の評論家から高い評価を受けている。時勢も幸いしたのだろう。イタリアは世界に先駆けて地元品種の同定・保護・栽培促進に力を入れた。現在、四〇〇種以上がワイン製造に使われており（スペインでは約九〇種）、地元のシェフや料理評論家もほとんど知られていなかったコッチョーラ、ディンダレッラ、ペコリーノ、ヴェスポリーナといった品種を奨励している。『ワイン用葡萄品種大事典』にも、「最近まで一人か二人のブドウ生産者しか知らなかった歴史的品種を絶滅から救い、復活させようという動きがイタリア全土で見られる」と記されている。

しかし、シチリア島南東部に行ってみると、必ずしも現状はそうでないことがわかった。オッキピンティのワイナリーに続く県道六八号沿線には、よく手入れされたブドウ畑も見られるものの、有刺鉄条網で囲まれた枯れた畑もあった。荒れ果てた石造りの農家のまわりで野良犬がゴミを漁っている。この一帯が好況に沸くどころか、存亡の機にあるのは明らかだ。それだけに、ここでオッキピンティが成し遂げた偉業が、華やかな宣伝写真以上に雄弁に物語られていた。

ワイナリーを囲む石垣にはドアホンのついた鉄扉があって、遠隔操作で開閉できるようになっていた。真新しい白壁の貯蔵庫の前で男たちが重機を操っている。その隣には、きれいに改修した石灰岩の壁にテラコッタ瓦の古い農家があった。
オッキピンティが伯父のジュストに連れられてイタリア最大のワイン見本市ヴィニタリー200
0に行ったのは一六歳のときだった。ジュストは地元品種を使ったワイン醸造のパイオニアで、一九八〇年代にCOSワイナリーを共同設立してアンフォラ発酵させたワインを造っている。オッキピンティは見本市に集まった人々が熱く語るワイン談義に感銘を受けて、ミラノ大学でワイン醸造を学ぶことに決めた。しかし、研究室での実験が中心で、産業生産に力を入れる授業に飽き足らなくなった。そして、二〇〇三年に、著名なワインジャーナリストで、地域農業の提唱者、ルイジ・「ジーノ」・ヴェロネッリに手紙を出して、大学の授業に違和感を覚えると訴えた。ロックバンド「ニック・ケイヴ・アンド・ザ・バッド・シーズ」が好きで、フランスのバイオダイナミック農法の第一人者ニコラ・ジョリーの著書を読んでいると自己紹介したあと、彼女はこう書いた。

私はミラノ大学でワイン醸造学とブドウ栽培学を学んでいます。毎日、偽りのワイン醸造を経験し、産業力のあからさまなプレッシャーに押し潰されそうになっています。学友が偽りの方法を学ぶのを見ていられません。彼らは未来の醸造家なのですから。間に合うかどうかわかりませんが、彼らの考え方を変えて、ワインは遠くにいる見知らぬ人間が「構成する」ものではないと気づかせたいのです。ワインには寄り添う人間が必要です……私は若い発見者として、別の道を選ぶ余地がまだあると思い出してもらうためにこの手紙を書いています。

ヴェロネッツリに励まされて、オッキピンティはワイン造りを開始した。二五歳で一五万ユーロの融資を受けて土地を購入し、理想に燃える若い同志とともに自分たちがめざすワインを造り始めたのである。評論家から好評を得て、事業は急成長した。二〇一三年には、夏の暑い時期に巨大貯蔵タンクを冷却するシステムを備えた新しいワイナリーを建設している。農場で製造したオリーブオイルの販売も始めた。

彼女との面談は午後だったが、午前中に行って写真を撮らせてもらうことにした。おかげでワイナリーの一日がどんなものかある程度わかった。小型トラクターが紫色のブドウを満載した赤いプラスチックの箱を七五個も積み上げたカートを牽引してきた。オッキピンティと三人の若者が手際よく箱をおろしてベルトコンベアにのせていく。オッキピンティは移動しながらブドウを味見し、腐った房を捨てたり、ベルトのスピードを調節したりしている。暑い日で、働きやすいように髪をひとつにまとめた彼女のカーゴパンツは汗と埃にまみれていた。ブドウは除梗機《デステマー》に落とされて果梗を除去され、太い管を通って冷却した桶に入っていく。およそ半時間ですべてのブドウの処理を終えると、小さな緑の実をいっぱいつけたオリーブの木のそばにある戸外の洗浄装置で木枠を洗う。急ぎ足で次の作業に向かうオッキピンティを見ていると、二、三年前の彼女のインタビュー記事を思い出した。

今年の八月、三〇歳の誕生日に目が覚めたとき、私はパーティドレス（ドルチェ&ガッバーナのシトラスフルーツを描いたとてもシチリア的な赤いシースドレス）を着たままだった。いつもと違う気分だった。やっとワインを通して自分を発見できたと。古いしきたりと闘っていた若い日々は終わり、自分のワインと自分の将来がはっきり見えてきた。前より女らしくなったかも。といっても「私は農業従事者で、それを誇りに思っている」と口癖のように言っているけれど。私にとって、早朝ブドウ畑に行くのは自由を最高に満喫すること。そして、醸造家としての私の「魅力」はガーデニングに励む繊細な女らしさとは無縁で、トラクターの修理や瓶詰機の調整にあるのだと気づいた。

いったんワイナリーを出て、近くの眠ったような小さな村で昼食をとってから、面談のために一方通行の道路を戻った。あの改装した農家に入ると、高い天井に梁を渡した室内はさながらシリコンバレーのオフィスだった。すっきりと広い空間に長机が置かれ、壁際のチョークボードは絵やアイデアメモでいっぱいだ。ストーンサークルから伸びた節くれだったオリーブの古木の陰にネズミが二匹隠れている絵があった。その隣には「ヴィーノ・ボーノ（最高のワイン）」というラベルのボトル、そのまた隣には矢印があって、「ロリオ・プロ（純油）！　ボーノ（最高）！！！」という表示の下のボトルを指している。チョークボードの下のテーブルに青い小型のコーヒーメーカーがのっていて、そばにデュッセルドルフ・プロヴァイン見本市で授与された賞状が飾られていた。「二〇一三年新人賞アリアンナ・オッキピンティ」

本人がせかせかとオフィスに入ってきた。気さくだが、ひたむきな感じのする女性だ。黒いTシャツに褐色のカーゴパンツというでたちで、やっと一息つけるという様子で椅子に腰かけた。私はここに来る途中、廃園になったブドウ畑を見たと言ってから、こう訊いた。「ここでワイナリーを始めたとき、周囲の人は励ましてくれましたか？　狂気の沙汰だとは言われませんでしたか？」彼女はしばらく考えてから答えた。廃園になったブドウ畑は一九〇〇年代初めの好況期の名残だという。「今でも廃園になるブドウ畑も少なくないけれど、私がワイン造りを始めた頃よりは少しはまし。再開したワイナリーもあるし、また何かが動き出した感じがする」

古いワイナリーにはパルメントと呼ばれる発酵設備があって、土地の傾斜を利用して重力によって石灰岩の容器に入れたブドウ果汁を移動して発酵させていた。この農家にもパルメントが保存されているという。「パルメントは大量のワインを造るためにつくられた」そうだ。フランスをはじめヨーロッパ中のブドウがフィロキセラ（ブドウネアブラムシ）の被害に遭って、シチリアに需要が殺到した時期のことである。しかし、その後、大半の農家は第二次世界大戦中にブドウ栽培をやめ、オリーブや温室野菜や果物に切り替えた。「だから、状況がすっかり変わってしまった」

「有機栽培《オーガニック》というと、シンプルでナチュラルという印象を持っている人もいるが、ここでは冷却装置にお金をかけていますね」と私は言った。「細部にまで気を配って品質管理を徹底している。伝統的製法と現代的な製法の融合をめざしているのですか？」

「いい質問ね」オッキピンティは背筋を伸ばした。「ご存じでしょうが、私のワイン人生はここで始まったわけじゃないの。もっと小さなワイナリーからスタートした。もちろん、借り物よ、無一文だったから。それでも、何もかも最高の形で学べて、素晴らしい体験だった。そのうち、少しずつ物流にも気を配るようになった」

数年間、最低限の基本的な装置だけでワインを造り、そこから学んだことに基づいて現在のワイナリーをつくったのだという。収穫後はあらゆる段階で品質管理を徹底している。「それが重要。二日前、戸外では摂氏三五度もあった。ここはロワール地方じゃないから。チュニジアより緯度が低いの」と彼女はシチリア島南部の気候を説明した。二、三日でも温度が急上昇すると、焦げたようなフレーバーのワインになってしまうという。

「有機栽培をシンプルなものだと思っている人がいると言ったけど、それは間違い。実際は、とても大変な作業で、たくさんのことを犠牲にしなければならない。だけど、私は壁に当たって諦めるような人間じゃないから。よじ登ったり迂回したりして、なんとか乗り越える。昔からずっとそう」オッキピンティは一息ついた。「でも、今は何もかも順調。みんな満足してくれている。これこそ私の生き方、私の農場よ」

伝統的農法を活かしたワイン造りを模索しているのはオッキピンティだけではない。二〇一〇年から、イタリア政府はワイン製造者に向けた一〇以上の持続可能《サステナビリティ》プログラムを開始して、さまざまな形で地域ビジネスを支援している。農薬や化学肥料の使用を削減し、化学物質を加えずにワインを造り、作物の生物多様性と水質保全を図るのが目的だ。

現在、オッキピンティはブドウ以外の作物でも栽培実験を行なっている。地元品種の小麦を栽培して、小麦粉を製造した。山岳地帯に土地を購入して、従来と異なるタイプの白ワインを造る計画も立てている。さらには、付近の放置されたブドウ畑の再生も夢見ている。「農業のことばかり。

ほかに私の夢はないの」と彼女は言う。

現在世界のワイン造りの主流は、わずか六種ほどの有名品種に集中しているが、近い将来、そうした流れは変わるだろうかと私は訊いた。「変わると思う。それは確か」とオッキピンティは答えたが、嗜好を変えるには時間がかかるだろうと付け加えた。

評論家の中にはいわゆる「自然派ワイン」を歓迎しない人々もいる。酸っぱくなったり味が悪くなったりするものが多いからだろう。自然派ワインが変質しやすいのは事実で、それだけに製造も難しい。だが、オッキピンティは一貫して良質のワインを造っているし、その点はアラヴェルディ修道院も同じだ。言葉の定義すら確定していない自然派ワインをめぐる激しい議論に対して、科学者はなんと答えるだろうか。

ブドウ畑で農薬や化学物質を多用すると、高濃度の有害化学物質がワインに含まれるという確証はないものの、周辺の微生物や昆虫や植物を死滅させ、流出して河川を汚染するのは事実である。それだけでも使用を回避したいところだ。しかし、「現在、ワイン用ブドウにも生食用ブドウにも、強力な病原菌と闘うために大量の化学物質が使われている」とショーン・マイルズは書いている。

イザベル・レジュロンは自然派ワインの推進者と目されることが多い。彼女が創設した自然派ワインの見本市（ローワイン・フェア）は、現在ではアメリカを含む多くの国で開催されている。レジュロンはマスター・オブ・ワインの称号を持つフランスの醸造家で、生家は六世代にわたってコニャックを造ってきた。二〇一一年に初めて『デキャンター』誌に寄稿した評論の中で、自然派ワインは一時的流行ではないと主張している。「自然派ワインは……はるか昔からあった。八〇〇〇年前にワインが初めて造られたときには、現在世界中のワイン造りに使用されている添加物や装置――培養酵母もビタミン剤も、酵素もメガパープルも、逆浸透装置も凍結抽出器も、タンニンパウダーもなかった」

さらに、レジュロンは「自然派ワイン製造者は、造るワインはさまざまでも、考え方は共通している。生物多様性を育みつつ、管理するために自然と闘うのではなく、自然を受け入れ守っていこうとしているのである」と言っている。農薬や培養酵母や添加物は使わないか、使うとしても最低限にしている。クヴェヴリやアンフォラを使っている醸造家もいるが、ごく一部だ。

ドイツの環境科学者で食品科学者のセシリア・ディアスは、土器で製造したヨーロッパ各地の二〇種類のワインを分析して、有機酸や、カルシウムやリンといったミネラルの含有量を近代的製法のワインと比較した。「[土器ワインは]抗酸化物質と総ポリフェノールの含有量が高く、後者は通常の白ワインの一〇倍に達していた」その一方で、ミネラルの豊富な土器で発酵させたにもかかわらず、ミネラル含有量は通常範囲内で、リンはわずかに高いだけだった。

さらに、ディアスは伝統的製法（果実を破砕したあと果実と果皮を一定期間接触させるスキンコンタクトや土器発酵）で造った白ワインは「近代製法の白ワインより抗酸化特性が高く……総抗酸化状態（TAS）に関しては、アンフォラワインは近代製法の白ワインに比べて平均値が四倍高かった」と報告している。伝統的な土器製法で造られた白ワインだけが、赤ワインに匹敵するタンニンを含有していた。こうした白ワインは、健康によいとされるポリフェノールの一種レスベラトロールの含有量も多かった。

イタリアの科学者ロベルト・フェラリーニも、ジョージアワインに他のワインと異なる特徴を認めている。スキンコンタクトを長くとることで「カテキン、プロアントシアニジン、ケイ皮酸といったフェノール化合物が豊富になり……さらに、芳香族化合物が従来式製法のワインとまったく異なる」

要するに、伝統的製法で造られた自然派ワインには、ほかのワインと本質的な違いがあるわけだ。自然派ワインは品質が不安定で腐敗したり異臭を発生したりしやすいと指摘する評論家もいるが、サイモン・ウルフはジョージアの自然派ワインを次のように評している。「自由放任主義の製法には欠陥が多いと感じる人もいるだろう。素焼きのアンフォラに衛生上問題はないのか、酸化はどうなのか等々。ところが、そこが興味深い点なのだ」ウルフは五〇種以上のクヴェヴリワインをテイスティングした結果、よくできたワインにははっきりした酸化味（ワインが長時間空気に触れた結果生じる、どんよりしたフレーバー）がないことに驚いた。「たしかに、アロマは驚くほど濃厚で、ジャム、蜂蜜、ジャスミン、ハーブ、そして、花の香りがどの白ワインにもあったが」、意図的に酸化熟成させたシェリーとはまったく異なるものだという。そして、ジョージアの伝統的赤ワインの多くは二酸化硫黄をまったく使っていないとつけ加えている（二酸化硫黄は抗菌性保存剤として、分量はさまざまだが、世界中の大半のワインに添加されている）。

イギリスのワイン科学者で評論家のジェイミー・グッドに自然派ワインをどう思うか訊いてみた。「良質の自然派ワインを造るには高度な熟練の技が必要だ。亜硫酸塩といった安全策なしで造るには普通のワインを造るよりはるかに高いスキルが要る」と彼は答えた。「その点で熟達者は注意を怠らない。彼らはやるべきことを心得ているし、微生物に関する知識もある。私が思うに、それが良質の自然派ワインを造る鍵だ……細心の注意を払って造ることが」

さらに、ワイン造りにはテクノロジーを活用できる分野とできない分野があると指摘した。「最高級のワインを造るのにテクノロジーはいらない。一〇〇年前からある技術さえあれば充分だ。そこが大事な点だと思う。テクノロジーのおかげで最高級のワインになるわけではない。しかし、テクノロジーのおかげで良質のワインを安定的に生産できるのは確かだ」

影響力絶大なアメリカのワイン評論家、ロバート・パーカーは、自然派ワインに反対しているわけではない。自然派ワインという言葉が気に入らないだけだ。二〇一四年、カリフォルニアのワイン品評会で行った講演の中で、彼は優れたワインの条件を挙げている。ブドウ畑のテロワールや微気候、ブドウの純度を反映しており、過度に手を加えられていないこと。「妥協せず、干渉しない醸造哲学に基づいて、ハイテクを駆使したワイン造りという食品加工産業界の考え方に迎合しない。要するに、ワインに自分で育つチャンスを与えること。ワインが本来持っている特徴を人間が歪めたり加工したりしようとせず、自然に――この表現は大嫌いだが――育つチャンスを与えることだ」

まさにそのとおりである。「自然派」というレッテルが品質を保証するものではないにしても、農薬や機械に頼らず、自分の土地やブドウやワインに思い入れを持つ生産者がもっと増えてほしいものだ。オッキピンティやアラヴェルディやクレミザンといったワイナリーが、国際的ワイン販売会社の巧妙な市場戦略に屈することなく成功することを願っている。自然派ワイン対世界の戦いよりも、ひたむきにワインを造り続ける地域の小規模なワイナリー対大企業の戦いのほうが、私には深刻に思える。

ワインの島シチリアを離れて、イタリア本土の醸造家に会いに行くことにした。エリザベッタ・フォラドーリは、アンフォラを使ったワイン造りを復活させ、現代的手法を加えたパイオニアのひとりである。スイス国境に近いワイナリーを訪ねることになっていたが、急に彼女の予定が変わって、ミラノで二日ほど時間があいた。現地の新聞を眺めていると、千載一遇のチャンスにめぐりあった。レオナルド・ダ・ヴィンチのブドウ畑が復活したというのである。『最後の晩餐』の壁画で有名なサンタ・マリア・デッレ・グラツィエ教会から道路を隔てたところにあるそのブドウ畑は、壁画の代金の一部として譲り受けたそうだ。

この復活プロジェクトに携わった科学者セレナ・イマジオと、かつてはミラノ郊外だったという繁華街で落ち合った。ルネッサンス様式の建物に入ると、奥に三〇〇フィートほどの細長い庭があった。通りのすぐ向こうに、ダ・ヴィンチも眺めていたはずのサンタ・マリア教会の尖塔が見える。「最初に聞いたときは唖然とした」とイマジオは言った。「一六世紀にレオナルド・ダ・ヴィンチが住んでいたというだけで、昔あったブドウ畑を復活させようなんて。最先端の遺伝学を駆使しても不可能だと思った」彼女はブドウの遺伝学を専門とする生物学者で、ワイン造りが東から西へ伝播していく過程で広がっていったブドウ栽培を研究している。「レオナルドのブドウ畑」は二〇一五年に一般公開されたが、プロジェクトが始まったのはそのはるか前だった。イマジオがその経緯を説明してくれた。

レオナルド・ダ・ヴィンチがミラノに移ってきたのは一四八〇年代で、一四九五年に、ミラノ公、ルドヴィーゴ・マリーア・スフォルツァから『最後の晩餐』の制作を依頼された。一四九七年に完成させて、ミラノ公から六パーチのブドウ畑をもらっている。「パーチ」とは古代ローマ時代にさかのぼるヨーロッパの古い土地測定用語だが、正確な面積はよくわからない。国によって単位が異なっていたからだ。ある学者の試算では、譲り受けた畑は二、三エーカー、約一六五フィート×約六六〇フィートとされている。ダ・ヴィンチはブドウ畑の地価をノートに書き残しており、ダカット金貨一九三一枚をわずかに超えるだろうと記している。当時、馬一頭が約四〇ダカット、公務員の年収が約三〇〇ダカットだった。

一六世紀のミラノの地図には、石垣に囲まれた庭の中央にブドウの木が一本描かれ、そのそばには畑もある。小さな家もあって、住居か農舎として使われていたようだ。イマジオによると、このブドウ畑を与えられたのはダ・ヴィンチにとって大きな意味のあることだった。当時はミラノ市民になるには土地を所有していることが条件だったからだ。しかし、一四九九年の夏、フランス軍がミラノに侵攻してミラノ公を退位させ、ブドウ畑も没収された。ダ・ヴィンチはヴェネツィアに逃れた。だが、一五〇七年にはミラノに戻り、ブドウ畑も正式に返還された。

それから数年暮らしたあと、ダ・ヴィンチは一五一三年にはまたミラノを離れた。そして、そのまま戻ることなく、一五一九年にパリで亡くなった。遺言によって、ブドウ畑は弟子で愛人だったと言われているジャン・ジャコモ・カプロッティ（通称サライ）と、使用人だったジョヴァンバッティスタ・ビラーニに遺された。数世紀を経て、建物もブドウ畑も荒れ果てた。一九二〇年に新しい所有者が建物を修復した際、ブドウ畑の写真を撮った。だが、その後、火災や都市化によって、さらに第二次世界大戦中には連合軍の爆撃を受け、建物はまた荒廃した。そして、ブドウ畑も姿を消した。

プロジェクトの発端は、二〇一四年に地元の歴史家でワイン愛好者でもある人物が、建物の前の小さな銘板に目を留めたことだった。ここにレオナルド・ダ・ヴィンチのブドウ畑があったと記されていた。歴史家はドアをノックし、所有者から銘板の記載は事実だと確認した。この史実を世に知らせようと歴史家は動き出した。こうして、かつてのブドウ畑の考古学的証拠を探すプロジェクトが立ち上げられた。最後のブドウの木が枯れてから七〇年以上経っていた。プロジェクトには、ミラノ大学のアッティリオ・シエンツァも加わっている。ブドウやワイン醸造に関する論文を二〇〇以上発表している著名な科学者だ。地元品種の強力な支援者で、アリアンナ・オッキピンティの指導者のひとりでもある。イマジオによると、シエンツァは「これで国際的人気品種のシャルドネ、メルロー、カベルネ・ソーヴィニヨンに対抗できる」と喜んでいるそうだ。

「でも、まさか見つかるとは思ってなかったんですね」私はイマジオの表情を眺めながら訊いた。

「そのとおりよ」彼女は答えた。「私は生物学者だから。ブドウの木の根があった場所を正確に突き止められるなんて思っていなかった。「でも」何世紀もの間この家の住人は、レオナルドのブドウ畑があったことを知っていたの。それに、信じられない話だけれど、ミラノのこの区域には一九二〇年代まで建物が建てられなかった。しかも、ブドウの木があった場所の写真もたくさん残っていた。だから、とにかく発掘することにした。すると、ごく微量の木と種の残留物が見つかって、それで一気にプロジェクトが進んだわけ」

発掘を続けるうちに、さまざまな破片や植物の残留物が見つかったが、何の残留物かわからないので何ヵ月もかけて丁寧に洗った。そして、「まず、DNAが抽出できるか確かめて、次は何のDNAか突き止める作業に取りかかった。DNAが発見されただけでブドウの木が見つかったわけじゃないから」その後、全ゲノム増幅を行なってDNAの一部を修復したところ、ヴィティス属、つまりブドウの残留物と判明した。ヴィティス属には多くの種がある。再度、全ゲノム増幅を行なったところ、ヴィティス・ヴィニフェラ、すなわち栽培種のヨーロッパブドウのサンプルがいくつか発見され、DNAデータベースで検索すると、マルヴァジーア・ディ・カンディア・アロマティカと一致する可能性が高かった。昔からイタリアでよく栽培されてきた白ブドウ品種である。こうして、二〇一五年には、マルヴァジーアの苗木がレオナルドのブドウ畑に植えられた。

これがその成果なのだと感慨にふけりながら、私は小さなブドウ畑を眺めた。近くで観光客の声がして、石垣を隔てた街路からは車の音や工事現場の物音が聞こえてくる。レオナルドが育ったヴィンチ村にはオリーブの木立やブドウ畑がたくさんあったとイマジオは言った。『最後の晩餐』の制作に疲れると、彼はミラノのブドウ畑で心身を癒やしたのだろう。彼が残した手稿には「朱色のワイン」という言葉がたびたび出てくる。一四九〇年代に書いた田園寓話には「ブドウ畑のクモの巣」という表現があるし、『最後の晩餐』の食卓にはそれぞれの使徒の前に赤ワインの小さなグラスが置かれている。

イマジオ自身、プロジェクトの成果に驚いていた。「何事も疑ってかかってはいけないという教訓になった」植物の小さな残留物が秘めた可能性に惹かれてブドウの遺伝学を研究し始めたのだが、その可能性を過小評価していた。「［DNAの中に］ブドウの起源にさかのぼる素晴らしいストーリーを見つけた」と彼女は言う。こうした情報は古代人の往来を理解する一助になる。「ブドウの遺伝学を研究していて興味深いのは、地中海沿岸のあちこちの港で同じ品種が見つかること。マルヴァジーアにしても、同じ品種の同じ遺伝子型がクロアチアにあるし、ギリシアにも、イタリア南部の島々にも、サルデーニャ島にも、それに、スペインにもある」地中海を航海したフェニキア人が、寄港した土地にブドウをもたらし、ワイン造りの知識を伝えたという説は、ブドウのDNAからも裏付けられる。「ブドウのDNAから何千年も前の人間の暮らしがわかる」とイマジオは言う。

彼女はジョージアの研究者と共同で、ブドウの栽培種がコーカサス地方から地中海沿岸に広がっていった経路も調査している。「ジョージアの野生ブドウ品種シルヴェストリスの生殖質が、なんらかの経緯でヨーロッパ大陸にたどりつき、ヨーロッパ中のブドウ畑に一種の痕跡を残したと考えると、わくわくする」と彼女は言った。「ある意味で、今日の栽培に使っている遺伝物質を構築するのに役立ったわけだから」

イマジオはホセ・ヴィアモーズの研究に敬意を抱いているが、一万年から八〇〇〇年前にコーカサスのどの場所でブドウが最初に栽培されたか突き止めるのは至難の業だと考えている。コーカサスのブドウのDNA断片は、西に行くにつれてブドウのゲノムの中で少なくなっている。おそらく、ほぼ同じ時期に複数の場所で、複数の品種が栽培化されたのだろう。つまり、ワイン用ブドウの聖杯はひとつとは限らないのではないか。数千年にわたる自然交配や人工交配が真相の解明を困難にしているうえ、研究資金が乏しいとなるとなおさらだ。

イマジオたち研究者はレオナルドのブドウ畑復活に貴重な貢献をしたが、彼が植えたのがマルヴァジーア・ディ・カンディア・アロマティカだという決定的な証拠は見つけられなかった。彼の死後にその木が植えられた可能性もなくはない。だが、偉大なプロジェクトだったことは間違いない。

ミラノで過ごす最後の夜、またしてもレオナルド・ダ・ヴィンチに関する興味深い記事を見つけた。『最後の晩餐』は世界でもっとも有名な絵画のひとつで、食卓に集う人々のさまざまな表情中に、並はずれた技巧によって愛や恐怖、裏切りや許しがみごとに描かれている。だが、ひとつ気になる点がある。イエス・キリストを実在の人物と考えるか、二〇〇〇年前の深遠なストーリーの主人公ととらえるかはともかくとして、あの時代の人間は椅子に座っていなかった。中東風にクッションに座っていたはずだというのである。

私の次の目的地はフランスだった。

Tasting

イタリアの地元品種で造ったワインを全部試していたら、一生かかるだろう。手始めに、地域を選んで、たとえばシチリアワインを北のワインと飲み比べてみるといい。

◆オッキピンティ、シチリア島ヴィットーリア
・SP68（赤、フラッパートとネロダーヴォラ種のブレンド）
・SP68（白、アルバネッロとジビッボ種のブレンド）

◆COS、シチリア島ヴィットーリア
・ジビッボ・イン・ピトス（白、アンフォラ熟成）
・ピトス・ロッソ（赤、ネロダーヴォラとフラッパート種のブレンド、アンフォラ熟成）

◆フォラドーリ、メッツォロンバルド、イタリア
・ファンタナサンタ・ノジオラ（白、ノジオラ種、アンフォラ熟成）
・グラナート（赤、テロルデゴ種、樽熟成）

白ブドウのマルヴァジーアが地中海沿岸に広がっていった経緯に興味を引かれたので、マルヴァジーア種で造ったワインをテイスティングできるワイナリーをいくつか紹介しておくことにした。数千年前にワイン醸造が伝播したように東から西へと進んで、カリフォ

ルニアのワイナリーで締めくくっている。

◆ドメーヌ・ドゥルファキス、クレタ島、ギリシア
・フェミナ（白）

◆コズロヴィック・ワイナリー、クロアチア
・マルヴァジーア（白）

◆モナステロ・スオレ・システルセンシ（シトー派の修道院）、ラツィオ州、イタリア
・コエノビウム・ルスクム（オレンジワイン、マルヴァジーアとほかの二品種のブレンド）

◆ブランディーズ・マデイラ、ポルトガル
・ヴィンテージ・マルムジー（白、奮発してもいいなら、クラシック・マデイラもいいが、年代物は数千ドルする）

◆ロス・ベルメホス、カナリア諸島、スペイン
・マルヴァジーア・ナトゥラメンテ・ドルチェＮＶ（オレンジワイン）

◆ビリキーノ、サンタクルーズ、カリフォルニア州
・マルヴァジーア・ビアンカ（白）
・ドメーヌ・フォイヴォス、イオニア諸島
・パピア、西マケドニアのドメーヌ・シガラス、サントリーニ島
・マヴロトラガノ・マンディラリラ（赤）

12章 ワインとフォアグラ

私がワインを褒めて、どこのワインかと訊ねると、
彼はあっさりこう言った。「これは母のワインだ」
――ヘンリー・ジェームズ『フランスの田舎町めぐり』一八八四年

ボルドー・メリニャック空港に着くと、にこやかな中年女性二人の巨大な写真に出迎えられた。ワインのボトルを持ってブドウ畑に立っている。その横にこんなスローガン。

とてもオーガニック
とてもハッピー

空港のワイン広告は想定内だが、宣伝文句は予想外だった。作業着姿の二人は青空の下、生い茂るブドウの葉に囲まれている。ワイナリー名が英語とフランス語と中国語で書いてあった。どうやらボルドーを変えようともくろんでいる人物がいるらしいが、ワインビジネスのウォール街と言わ

れるボルドーに有機農法の支持者がいったいどれだけいるだろう。もっとも、私のフランスでの目的地はボルドーではないし、ブルゴーニュでもロワールでもシャンパーニュでもない。私が行こうとしているのはそれほど知られていない場所で、譬えが適切かどうかわからないが、フランスをニューヨークに置き換えるなら、スタテン島やクイーンズを見物に行くようなものだろう。

考古学の研究やDNA解析から、フランスのワイン醸造は地中海沿岸で始まり、マルセイユからスペインに広がったことがわかっている。現在ワインの聖地として有名な内陸部が発祥の地ではなかったのだ。ガリア人は紀元前一〇〇〇年頃までビールや蜂蜜酒を飲んでいたようだ。その後、フェニキア人の船乗りがレバノンからギリシアにワイン醸造を伝え、それがイタリア、フランス、北アフリカに広がったようだ。紀元前五〇〇年頃には、ガリア人は大量のアンフォラワインを輸入するより造ったほうが有利だと気づいた。

私はこれまで世界各地を訪れて、地元品種でワイン造りをする醸造家たちに会ってきたが、本家フランスはどうだろう？　調べてみると、大半の国と同様、在来種の栽培をやめて世界的に人気のある品種に植え替えてきたのは事実だが、少数ながらシャルドネやメルローに飽き足らない醸造家がいることがわかった。

フランス南西部に在来種でのワイン造りを復活させた一帯がある。私が訪ねたガスコーニュ地方のプレモン・ワイン協同組合は、スペイン国境に近いピレネー山脈のフランス側にあった。プレモンでは、私がこれまで訪ねたどのワイナリーよりもはるかに大量の地元品種ワインを売り出している。昔ながらの大衆向けのワインを造っているのだろうか？　私は一抹の不安を感じていた。基準に達していないワインだったら？　有名品種のワインに軍配が上がったら？

　ボルドーを早朝に発ち、ＧＰＳのおかげで順調に進んだ。ほとんど車の通らない高速道路を南に一時間半ほど走ると、地平線にピレネー山脈が黒い雲のように浮かび上がってきた。指示された出口でおりると、車一台かろうじて通れる細い曲がりくねった道に出た。本当にここでいいのだろうか？　道路際の丘陵地には小麦畑や放牧地やブドウ畑、緑の谷が続いている。こぢんまりした石造りの農家が点在し、マルセイユ周辺の海岸の観光地とは風景ががらりと違う。

　突然、サン・モン村に着いた。午前八時四〇分。ワイナリーを訪ねる前にコーヒーを飲む時間がありそうだ。だが、当てがはずれた。村にはコーヒーショップがない。あるのは市庁舎と小学校だけだ。しかたなく新鮮な空気を胸いっぱい吸い込んで、さまざまな匂いを嗅ぎながら、一〇五〇年に建てられたという丘の上のベネディクト修道院を眺めた。大型コンバインが音を立てて通り過ぎていった。人口の多い都市部ボルドーから数時間車を走らせただけで、これほど暮らしぶりが異なるのだ。

　村の中心から一分のところにあるプレモンで、ツアーガイドのディアンヌ・カイヤールと落ち合った。彼女はフランス南東部の出身だが、「この村のひっそりした佇まいと村の人が協力してこの地域を盛り上げようとしている」ところに惚れ込んだと言う。

　プレモン協同組合は一九七〇年代初めに地元の将来を危ぶんだ醸造家アンドレ・デュボスクが創設した。もともとガスコーニュ一帯は、フランス最古のブランデーと言われるアルマニャックの製造で有名だった。一三一〇年にフランシスコ修道会の神学者ヴィタル・デュ・フォーが手記の中でアルマニャックの四〇の医学的・精神的効能を挙げており、涙を抑え、記憶をよみがえらせ、喜びを感じさせ、機知に富んだ会話ができると記している。しかし、第二次世界大戦後、アルマニャックはもっと有名なコニャックとの競争で苦戦を強いられた。戦争中に多くのブドウ畑がブランデーの熟成に使われてきた洞窟とともに打ち捨てられたうえに、戦後の資金不足の中で、多くのブドウ農家がアルマニャック用品種の栽培をやめ、大手メーカーと契約して高収量品種に切り替えたからである。

メルローやシャルドネばかりが栽培されるのを見て、デュボスクは地域の将来が心配になった。いくら頑張ってもボルドーやブルゴーニュに勝てるわけがない。それよりも地元の特色を活かして古い品種を栽培したほうがいいと農家に勧めた。当初はなかなか賛同が得られなかった。当時ブドウはキロ単位で買い取られていたのに、デュボスクは量ではなく質で買い入れると宣言したからだ。それでも、地道に説得を続け、市場を開拓した結果、現在、プレモンは二〇〇のワイナリーが所属する数百万ドル規模の一大ビジネスに成長した。デュボスクは二〇〇六年に引退したが、著名なワインジャーナリストのティム・アトキンは、あれほど先見の明のある経営者なら、フランスのワイン産業そのものを牽引できたはずなのにと、彼の引退を惜しんだ。

カイヤールが最初に案内してくれたのは、一九〇〇年の歴史を誇るブドウ畑だった。二〇一二年には、建造物を対象とする歴史的記念物に特例的に指定されている。作業服姿の中年男性が納屋から出てきて、手を拭きながら控えめな笑みを浮かべた。

このジャン・パスカル・ペデベルナードの八代前の祖先が、このブドウの木を植えて、牛が通れるように木の間に小道をつくった。フランスでは、ブドウ畑とそれ以外の農地では税率が異なっており、村の古い記録によると、この畑で初めて収穫があったのは一八二七年となっている。ブドウの木が植えられたのは、ナポレオンがヨーロッパを支配していた一八一〇年頃だろう。ジャン・パスカルの八九歳になる父は今でも畑で働いているが、高祖母がそのまた高祖母から一八〇〇年代半ばのブドウ畑の話を聞いたことがあると語っていたという。

ブドウ畑の小道を歩くと、両側に盆栽を大きくしたぐらいのブドウの木が並んでいる。高さはせいぜい五フィートほどだが、支柱を当てられた太い節くれだった幹は、まるで杖をついた老人のようだ。緑の葉が生い茂り、たわわに実ったブドウが九月の太陽に輝いている。だが、最近まで、この生産性の低いブドウ畑は、周囲から奇異な目を向けられていた。もちろん、ワイン業界には存在すら知られていなかった。

一九七〇年代から一九八〇年代にかけて、ペデベルナード家には古いブドウの木を伐採すれば一時金を支給すると農業関係者から何度も申し出があった。こうした伐採計画はホセ・ヴィアモーズからも聞いたことがある。ＥＵはワインの供給過剰対策として数十億ドルかけて同様の計画を進めてきた。高額の補助金が支給され、毎年、数百万ガロンの余剰ワインが工業用アルコールに転換された。二〇〇七年の試算では、余剰ワインの処理に約五億ユーロかかっている。こうして、一九八八年から一九九三年にかけて、主として南フランスと南イタリアから消えたブドウ畑は八〇万エーカー近くにのぼる。これはアメリカ全土のブドウ畑に相当する面積だ。

だが、ペデベルナード家は申し出を拒否した。そして、この小さなブドウ畑は残った。

この畑の六〇〇本のブドウのＤＮＡ解析をしたところ、二〇以上の品種が見つかり、しかも、そのうちの七種は未知の品種だった。このペデベルナードNo.1からNo.7までの名称がつけられた七種のほかにも、クラヴリ、ミオウサ、フェル、カナリといった品種が発見された。歴史家はこの畑を生物多様性、遺伝的遺産、先祖代々の栽培法を示す好例と評価している。

このブドウ畑は砂地だったので、一九世紀中頃から末にかけて大流行したフィロキセラ（ブドウネアブラムシ）の被害からも生き残った。このブドウの害虫は繁殖周期中に地下で小さなトンネルをつくるのだが、砂地でトンネルが崩れたおかげで被害を免れたのである。ほかにも数々の困難を乗り越えてきたのだろう。

そのあと、タナ種を栽培している一八七一年にさかのぼるというブドウ畑で、カイヤールからプレモンの現理事長であるオリヴィエ・ブールデ・ピースを紹介された。ベレー帽を粋にかぶったブールデ・ピースは、ワイン業界の全体的な流れを憂慮していた。一九五〇年には、フランス全土のブドウ畑の約五三パーセントで二〇品種が栽培されていた。そして、現在では、九二パーセントにその二〇種が植えられている。「誰もが同じツールで同じワインを造っている。こんなことをしていたら、いずれ飽きられて、誰もワインを飲まなくなるだろう」と、彼は過度の同質性がもたらす脅威を口にした。

「デュボスクの地元農家に対する説得ぶりはたいしたものだった」とブールデ・ピースは回想する。「お願いだから、シャルドネを植えないでくれ。あのブドウと心中することになるぞ。お願いだ、もうちょっと辛抱してほしい。そう言ったんだ」プレモンほどの規模の地元品種による製造は、フランスでもほかに類がないという。

ブドウ畑の端のイチジクの木のそばで足を止めると、ブールデ・ピースは、最近までプレモンの経営者たちは「変人、狂人、時代遅れ」と見なされていたと言った。「新しいブドウ畑、新しい栽培法、新しいプロジェクト、高い生産性が重視されていたからだ」そう言うと、一九七〇年代に視察にきた政府の農業専門家の口調をまねた。「この木を見てください。完全に折れていて、死にかけている。こんなものを守りたいんですか？　こんなことしていたら、大変なことになりますよ。あなたは現代的なワイン生産者ではない。別の方法を考えなくては。ここはあなたのおじいさんのブドウ畑だったんでしょう。そのままではだめだ」

ブールデ・ピースが一八七一年来のブドウ畑を守ったのは、祖父や先祖たちがそのブドウでワインを造ってきたからだ。プレモン協同組合から二〇年ほど少額の維持費が出たが、最初は畑として使い物にならなかった。「だが、テロワールの質がわかって、素晴らしい土壌だと知ってからは面白くなってきた。そして、ワインを造ることを考え始めた」四年ほどで安定した収穫があげられるようになり、二〇一一年に最初のワインができた。

「そのワインを初めて飲んだ感想は？」と私は訊いた。

「フレッシュさとまろやかさは驚くほどだった。接ぎ木していないせいか、ブドウ畑が古いからか、それはわからない。うちのブドウは地下五メートルも根を張っている。こんな畑はほかにはないだろう。あとで試飲してもらえばわかる」ブールデ・ピースは胸を張った。

テイスティングが待ちきれなかったが、ブドウ畑もいくら眺めても見飽きなかった。苔むした古いブドウの木、熟したイチジクに群がるスズメバチ。遠くに見えるサン・モン修道院。隣の畑ではトウモロコシの茎が枯れかかっていた。農家のタイル屋根も黄土色の苔で覆われ、壁には花やハーブの鉢が飾られている。

ブールデ・ピースによると、近年では地元志向の持続可能な農業に少しずつ関心が高まってきたという。「二〇年前には考えられなかったことだ。プレモンも最初はうまくいくはずがないと思った。だが、今ではたくさんの人が、リンゴやトマトの古い品種を再発見しようとしている。きっとプレモンも再評価されるだろう」

もちろん、課題はたくさんある。フランスの一部の農業大学では、テクノロジーを駆使して栽培に不向きな土地に有名品種を適合させようとしている。ワインはテロワールに不向きな品種からでも造れると教えているそうだ。

こうした品種の栽培圧力は至るところで見られる。「ルーマニアワインが飲みたかったら、私ならメルローは選ばない。そんな馬鹿げたことはしない」とブールデ・ピースは言った。「「ルーマニアの」気候がメルローには向いていないからだ」。品質が保証されているというだけの理由で有名ワインを選ぶ人は少なくない。聞いたこともないワインを試すのが不安なのだろう。だが、「プレモンのワインを試飲した人は、友人にも飲ませたいからもう一本ないかと言う」そうだ。

車でプレモンのテイスティングルームに案内してもらった。建物の二階の広いギフトショップには、プレモンのワインがそろっている。円形のテイスティングバーにつくと、ブールデ・ピースがまず白ワインを注いでくれた。最初はプレモンの二〇一四年物のコート・ド・ガスコーニュ、手ごろな価格のテーブルワインだ。コロンバール種を使っているが、この品種は場所によっては評判がよくないので、あまり期待しないようにした。だが、口当たりのいい飲みやすいワインで、不思議なことにグレープフルーツの香りがする。「とてもおいしい。それに、個性がはっきりしている」と私は感想を述べた。上質のワインを造っている小規模なワイナリーをあちこち訪ねてきたが、これだけの規模で特徴のあるワイン造っているところはほかにはなかった。「このアロマとこのフレッシュさが市場で差をつける」とブールデ・ピースは言った。「たくさんの人に気に入ってもらっている。それに、値段も高くない」プレモンでは年間五〇〇万本のコート・ド・ガスコーニュを五ドルほどの小売価格で販売している。飲みやすいテーブルワインで、シャルドネの特価品を飲むよりずっと気が利いている。

次は二〇一四年物のドメーヌ・ド・カッセーニュ、七〇パーセントがグロ・マンサン種、三〇パーセントがコロンバールだ。コクのある余韻が長く続くワインで、最初はパイナップルの香り、やがてかすかなオークの香りがした。「まだ安定していないが、熟成はかなり進んでいる」とブールデ・ピースは評した。半年ほどオーク樽で熟成させるとまろやかさが増して、どんなメイン料理ともとても相性がいいという。大手ワイナリーではブドウを圧搾したあと、果肉や皮を捨ててしまう。そうすると全工程がスムーズに進み、ワインの味も予想がつきやすい。だが、このワインは違っていた。「コロンバールもグロ・マンサンも、アロマ成分は皮にある。コロンバールは長いスキンコンタクトが必要だ。二四時間から三〇時間、皮を果汁に接触させてから圧搾する。グロ・マンサンのスキンコンタクトは六時間ないし一二時間だ」

次の白はプレモンの二〇一三年物のレ・ヴィーニュ・レトルヴェ・サン・モンで、意外な品種を組み合わせてあった。「メインはグロ・マンサンで、約七五パーセント。プティ・クルビュがまろやかさを加えている。そして、そこに素晴らしい品種が加わる。アリュフィアックだ。とてもスパイシーで苦みが強い。アリュフィアック一〇〇パーセントで造ったら、すごいワインができる。苦くて飲めたものじゃないだろうが」と彼は言った。プレモンのレ・ヴィーニュ・レトルヴェ・サン・モンに使われているアフュフィアックは四、五パーセント、料理の隠し味程度だ。はっきりした岩石と白胡椒の風味がして、かすかな煙の匂いがする。ブールデ・ピースによると、煙の匂いはピレネー山脈に近いブドウ畑のブドウにしか出せないという。みごとなワイン、まさにテロワールの産物だ。

最初の赤は、二〇一一年物のモナステール・ド・サン・モンだった。修道院の五ヘクタールの白亜質で粘土質のブドウ畑で栽培されたタナ種だけで造られている。一口飲むと、口の中でチョークを転がしたような味がして、次に粘土のフレーバーがした。「テロワールそのものを味わっているようで、その次が粘土で」私は当惑しながら言った。

「ああ、強いフレーバーだから」ブールデ・ピースは言った。「よく言われるよ。このワインは好きじゃないと言う人が多い。できるだけ土壌の質に近づけようとしているが。フレッシュで、パワフルなものにしようとね。まあ、飲みやすいワインじゃないのは確かだ」

ところが、数分おいてもう一度飲んでみると、別のワインだった。チョークと粘土の味が薄れて、爽やかなチェリーの余韻が残った。「とてもおいしいワインだが、まだ若いようだね」そう言うと、オーク樽で一五カ月熟成させたが、まだ熟成の余地はたくさんあるとブールデ・ピースは答えた。複雑な風味をもつ赤ワインに呼吸がいかに重要かを示す好例だ。抜栓したばかりのモンステール・ド・サン・モンはタフだが、ほんの一五分で新たなフレーバーが開いた。キプロス島でマルコス・ザンバルタスから聞いた化学変化の意味がやっとわかった。ワインの中の分子結合がまさに目の前で変化して、新たな味が生まれたのである。

次の赤は、二〇一二年物のル・フェット・ルージュ（赤い妖精）で、よく知られた品種を絶妙にブレンドしてある。タナが八五パーセント、ピナンクが一〇パーセント、カベルネ・ソーヴィニヨンが五パーセントで、いちばん有名な品種をサポート役に使っている。このワインもかすかにチョークのアロマがしたが、土と果実のアロマが強かった。どれぐらいデキャンタージュすればいいか訊くと、「二時間でも、三時間でも、翌日まででもいい」という答えだった。「翌日また飲んでみたら、もっとおいしくなっている」

最後に試飲したのは飲んだことのないワインだった。二〇一三年物のヴィーニュ・プレフィロキセリックは、さきほど訪れたイチジクの木のある古いブドウ畑のブドウから造られた。「プレフィロキセラ・ワイン（ブドウネアブラムシ以前のワイン）を飲むのは初めてだ」と私は言った。ワイン愛好家の間ではフランスの古いブドウの木からは今よりいいワインができたのではないかという議論が続いていて、ごく一部のヨーロッパの小さなブドウ畑では今でもわずかな古木を大切に育てている。プレモンでは一一五〇本だけこのワインを製造しているが、国外に輸出されることはめったにない。私は幸運に感謝した。

ブールデ・ピースがグラスに注いで、タナ一〇〇パーセントだと教えてくれた。口に含んだとたんにプラムのアロマが漣《さざなみ》のように広がり、次にかすかにリコリス（甘草）の香り、そして、最後にタバコの若葉のスパイシーな味がした。「これはすごい。どんどん風味が変わっていく」ドライチェリーを味わったあとで私は言った。まるで果物そのものを瓶の中で熟成させたかのようだ。

ブールデ・ピースは我が子を褒められた父親のような顔になった。「ブドウの中には［収穫時には］完熟していないものもある。タバコの風味はそこからきているんだ。とても微妙だが」極上のワインで、風味がどんどん進化していく。アプリコットのフレーバーになり、一〇分ほど経つと、鋼《はがね》のような鋭さを感じた。

「ああ、鉄だ。鉄が多い。とても痩せた土壌だが」そんな痩せた土壌からこれほど豊かなフレーバーをもつ口当たりのいいワインができることに驚嘆した。図らずも、私はテロワールの神秘を体験したわけだ。あのブドウ畑は砂地だったからフィロキセラの被害を免れたと聞いていたが、このヴィーニュ・プレフィロキセリックは鉄の味がする。鉄分の多い畑だとブールデ・ピースが言っていたが、ひとつ不可思議な問題がある。土壌のミネラルがブドウに吸収されると信じている栽培者もいるが、科学的には証明されていないのである。それなら、あの金属的なフレーバーはどこから生まれたのだろう？

そもそもテロワールという概念自体が不可思議なのだ。世界中に特色のある土壌は無数にあるが、ミネラル分がワインのフレーバーに表われることはめったにない。鉄や粘土、花崗岩が豊富な土壌でもそうだ。その一方で、そうしたフレーバーをつくりだすブドウもある。そして、そのブドウ畑のすぐ隣にある畑のブドウからは同じフレーバーは出ない。つまり、同じ品種でも、テロワールを反映するものとしないものがあるのだ。だからこそ、ワイン愛好家はこの捉え難い特徴に惚れ込むのだろう。ワインの甘さや辛さ、フルーティーさ、アルコール度数なら変えられる。だが、樽に石や岩粉を入れるわけにはいかないから（実行しているところもあるらしいが）、ミネラル豊かなテロワールを反映したワインの造り方は誰にもわからない。

それなら、なぜ私が最後に味わったプレモンのワインには鉄のフレーバーがあったのだろう？ブールデ・ピースからは前もってくわしい説明は聞いていなかった。あのワインに関する評論を読んだことはないし、あの畑の土壌のタイプなど私には知る由もない。それでも、すぐ鉄とわかったし、ブールデ・ピースもそう言った。どのワインもテロワールを反映するとしたら、あるいは、逆にどのワインも反映しないとしたら、科学者もワイン愛好家も果てしなく論争を繰り返さずにすむだろうに。

いずれにしても、ブールデ・ピースが自慢するのも無理のないワインだった。「三、四時間キャラフに入れておくと、一段とよくなる」ワインが開くのである。「いくらでも飲める。口当たりのよさはまったく変わらない」

個性的な六種類のワインのテイスティングを堪能したあと、ブールデ・ピースと昼食をとりに行って、また何種類か味わった。レストラン兼宿泊所の「オーベルジュ・ド・ラ・ビドゥーズ」は、過去にタイムスリップしたような店だ。木製シャッターのある簡素な建物はプレモンから少し離れたトウモロコシ畑の中にあって、食堂は花の咲き乱れた広い中庭に面している。

ポークチョップにパテ、フォアグラ、シャルキュトリー（ハムやソーセージ類）、新鮮なトマトとハーブのサラダを注文した。ポークチョップは私の好物ではないのだが、近くの農家から仕入れた豚肉はジューシーでおいしかった。食材すべてが地元で採れたもので、素朴だが、このうえなく贅沢だった。大柄で気のいいシェフのアンドレ・ブリュレが給仕もしてくれた。

ブールデ・ピースは食後の雑談の中で、世の中は確実に変わりつつあると言った。「新しい世代は頼もしい。私と同世代の連中は、少々年を取りすぎていて、［ワインのことを］誤解している。その点、若いやつは、みんながみんなとは言わないが、まともな若者はワインについてこれまでと違う見方をしようとしている」

素晴らしいワインと食事、そして貴重な話が聞けたことに満足して、私はボルドーに戻った。だが、もうひとつしなければならないことがあった。ボルドーまで来たのだから、クラシックワインを味わわずに帰るわけにはいかない。それで、翌日、この地域で盛んに開催されているワインツアーに参加した。ミニバンが向かったのはシャトー・スミス・オー・ラフィット。一三〇〇年代にさかのぼるとされるブドウ畑があり、石造りのマナーハウスは一七〇〇年代に建てられた。一九九〇年に、オリンピック代表にもなった元スキー選手、ダニエル・カティアールがこのシャトーを買い取った。そして、伝統的なワイン醸造にハイテクを駆使した持続可能な手法を採り入れたのである。

最初に樽工房を見学した。オーク材の厚板からつくる樽の内側は、ワインに望ましいフレーバーを移すためにトースティング（弱火で加熱して焦がす）してある。塵ひとつない広大なワイン製造場は、すべてコンピューター制御。このワイナリーではオノヴューという人工衛星サービスを利用して、最適な収穫時期を分析している。ブドウ畑を数平方スクエアごとに区切ったデジタルマップを作成し、衛星から提供されるブドウの成熟に関わるデータを解析するのである。

ツアーガイドのアリックス・ウニスの説明では、二〇年前にはボルドーのシャトー（ブドウの栽培・醸造・ワイン製造を一貫して行なう生産者）は有機栽培にもバイオダイナミック農法にもまったく関心がなかったという。しかし、今ではスミス・オー・ラフィットをはじめ、あちこちのシャトーがそうした手法を採用している。有機栽培でブドウを育て、トラクターで土を押し固めないように牛を使って耕起し、地球温暖化の原因となる二酸化炭素の排出量を抑えている。醸造過程で生じた二酸化炭素は、炭酸水素ナトリウム、つまり重曹に変えて、練り歯磨きなどの材料にする。カティアール夫妻の娘が経営する化粧品会社では、シャトーのブドウの種を買い入れて自然素材の化粧品を製造している。

スミス・オー・ラフィットはレストランも七二室ある五つ星ホテルも備えているが、私はテイスティングだけでよしとすることにした。カティアール夫妻が買い取る前までは、ここのワインの評判はまずまずといったところだった。だが、その後はどんどん評価が上がっている。私は最高級ワインのひとつ、二〇一二年物のシャトー・スミス・オー・ラフィットを試飲した。ソーヴィニヨン・ブラン、ソーヴィニヨン・グリ、セミヨンをブレンドした極上ワインだった。ボディはしっかりしているのに口当たりがよく、馥郁とした香りがする。次に二〇一一年物のル・プティ・オー・ラフィット――ここの二番手の赤を飲んだ。悪くはなかったが、最良のヴィンテージではなさそうだ。

最初の白は際立った出来で、ボルドーワインがこれほどの人気を博している理由がよくわかった。帰国してから私はフローレンス・カティアールに連絡をとって、高品質を維持している理由を訊ねた。「ブドウ畑を隅々まで知り尽くしていて、どのブドウがどれぐらい熟したか把握しています。区域ごとにブドウを味見して、翌日収穫する木を決めているのです」と彼女は返信メールをくれた。収穫後、光学スキャナーを使って熟し切っていない実を淘汰しているそうだ。こうした持続可能性とワインの質を重視した製法が気に入ってもらっているのだろうと彼女は書いていた。今後はこんなやり方が当たり前になるのだろうか。

スミス・オー・ラフィットのワインもプレモンのワインも味わえたことに満足して、私は滞在している（スミス・オー・ラフィットのホテルほど高級ではない）ホテルに向かった。稀少ブドウ品種を地元の住人や観光客がどう受け止めているか知りたかったので、途中で友人に教えられた地元のワインバーに立ち寄ることにした。「ル・ワイン・バー」は閑静な街角にあった。天井が高く、湾曲した優雅な鉄柵が窓を縁取っている。午後の客の少ない時間だったので、共同経営者のデルフィーヌ・カデイから話を聞くことができた。彼女はボルドー生まれだが、長年、故郷を離れていた。かつてのボルドーは薄汚い町で、住みたいと思うような場所ではなかったという。ワインでは有名だったが、川岸を埋め尽くすように駐車場がつくられ、川はほとんど見えなかった。

そう聞いて、一八八〇年代にボルドーを訪れたヘンリー・ジェイムズがボルドーでいいワインを見つけようなどと思わないほうがいいと書いていることを思い出した。「そんなワインには一度たりとも出会えず、ひどいワインばかり飲んでいた」公平を期するために付け加えると、彼がボルドーを訪れたのは、フランス中のブドウがフィロキセラに枯死させられたあとだったから、飲んだのは別の場所で造られてボルドーで瓶詰めし直されたワインだった可能性が高い。当時はそうした違法行為が横行していた。二〇世紀初めには、フランス領アルジェリアで造られた大量のワインがフランスワインとブレンドされて、フランスワインとして売られていた。

ヘンリー・ジェイムズの一〇〇年後にボルドーを訪れたアメリカのワイン商、カーミット・リンチは、旅行記『最高のワインを買い付ける』（白水社）の中で、ボルドーのシャトーをこう評している。「ここで至るところにあるシャトーは、名前自体がまやかしだ。大半はワインを造っている老朽化した小屋にすぎない」

カディによると、市民が美化運動を促進したおかげで、ボルドーはパリに次ぐ観光名所になったそうだ。今では川岸は地元住民の憩いの場所となり、アーティストや観光客が集ってくる。私はカデイにワインをめぐる旅をしていると話し、ボルドーの住民は稀少品種と有名品種のどちらを好む傾向があるかと訊いた。観光客はボルドーワインを注文するが、地元住人はそれ以外のワインに興味を示すと彼女は答えた。そう言えば、プレモン協同組合のブールデ・ピースも同じようなことを言っていた。カデイの店では、マイナーな産地やヴィンテージのワインを求めて、毎回異なるワインを試飲する常連客もいるそうだ。

私はボルドーワインを三種類、ハーフグラスで注文し、料理はシャルキュトリー・プレートにした。フォアグラにパテ、脂身たっぷりの塩漬けハム、どれもクリーミーで繊細な味がする。こんなおいしい食べ物とワインがあって、由緒ある建物の並ぶ石畳の道を歩けるならフランスに移住してもいいと、一瞬、本気で考えた。

ボルドー滞在中、ワイン用ブドウの歴史にまた新たな進展があったことに気づいた。中国の進出である。経済的余裕のある若い世代が西欧のワインに関心を向け始めた。私が参加したワインツアーにも中国人カップルが何組かいたし、イギリスのワイン専門誌『デキャンター』は二〇一二年にDecanterChina.comを開設し、ロバート・パーカーの『ワイン・アドヴォケイト』も二〇一五年に上海に本拠を置くワイン評論家を採用している。ある意味で、中国の西欧ワインへの関心は新しいものではない。中国の歴代の皇帝は、二〇〇〇年前からシルクロード経由でワインを輸入していた。

しかし、最近の熱狂的なワインブームは、時として悲劇的な結末をもたらしている。ボルドーに購入したブドウ畑を視察に来た中国の富豪父子が、ヘリコプターの墜落事故で死亡するという事件もあった。二〇一六年時点で中国のブドウ畑は二〇万エーカーを超え、予想はつくだろうが、主としてカベルネ・ソーヴィニヨン、カベルネ・フラン、シャルドネが栽培されている。中国の一部の地域はヨーロッパのブドウ品種の栽培には適していないという農業専門家の警告は無視された。

古代中国の飲料はコメを原料にした醸造酒で、西欧世界と同様、宗教的儀式に用いられたことが考古学の研究から明らかになっている。中国の王侯貴族は来世のために酒とともに葬られた。興味深い後日談がある。

三〇〇〇年ほど前、黄河のほとりで奴隷たちが墓の仕上げに取りかかっていた。墓には食物、蜂蜜、翡翠《ひすい》、武器、戦車や馬まで供えられていた。菊の花の酒を入れた青銅の壺が、来世での酒宴のために壁際にずらりと並べられた。

時は流れ、王朝が生まれては消えるうちに、いつしか墓は忘れられた。供物はミミズや微生物が処理してしまったが、ひとつ例外があった。壺の青銅の蓋が腐食して密封シールの役割を果たしたおかげで、中の酒は何段階かの化学変化を経て最終的に安定し、思いがけない結末を迎えることになった。

墓を発掘した考古学チームが青銅の壺の酒を発見したのである。ヴィンテージ中のヴィンテージだ。パトリック・マクガヴァンはこの世にも興味深い酒の匂いを嗅いでみたが、職業倫理と常識を働かせて試飲は遠慮したそうだ。

フランスからの帰路、私は古代ワイン探求の旅を振り返ってみた。これまでに訪れたのは七ヵ国とパレスチナ自治区。どこに行っても、シャルドネやメルローといった有名品種に飽き飽きした醸造家やワイン愛好家がいて、申し合わせたように地元品種の復活をめざしていた。パレスチナでもアルメニアでもジョージアでも、キプロスでもギリシアでも、イタリアやスイスやフランスでも、古い品種を使って伝統的な製法でワイン造りをしようとしていた。あちこちで同時にこうした動きが起こった理由を社会学者は研究すべきだっただろう。新しい動きがあるからといっても、有名品種のワインを飲まないようにしようなどと言うつもりはない。ベトナム風ステーキでも、完全菜食《ビーガン》でも、イタリア料理でも、各自が食べたいものを選べばいいのと同じだ。こうした動きが教えてくれるのは、ワインにはもっと多くのフレーバーがあり、そして、それぞれにストーリーがあることである。

Tasting

ざっと調べただけでも、フランスにはブルゴーニュやボルドー以外にも、地方色豊かなワイナリーがいくらでも見つかる。プレモンのワインは掘り出し物だが、アメリカで入手するのは難しい。以下に個性豊かなワインを数種類、さらに、輸入業者で作家でもあるカーミット・リンチが推薦するワインもいくつか挙げておいた。カリフォルニア州バークレーにある彼のワインショップやオンラインショップは、フランスやイタリアのワイナリーを探したり調べたりするのに最適だ。www.kermitlynch.com

◆ドメーヌ・ド・ラリアンス、ボルドー南部
・セミヨン種を使った辛口の白

◆クロ・カナレリ、コルシカ島
・ジェノベーゼ、カルカジュー、パガ・デビーといった品種を使ったアンフォラ熟成の赤と白ワイン

◆ドメーヌ・コンテ・アバトゥッチ、コルシカ島
・スキアカレロ種とカルカジョロ・ネラ種を使った赤

◆ジャン・フランソワ・カヌヴァ、スイスのジュラ州、フランス国境近く

・サヴァニヤン、トゥルソー、ガメイなどの品種を使った白と赤の多くのセレクション

◆ドメーヌ・レ・ミル・ヴィーニュ、フランス南西、スペイン国境近く
・ル・ピエ・デ・ニンフェット（白、カリニャン・ブランその他の品種）

◆ドメーヌ・オヴェット、マルセイユ近郊、フランス
・サンソー、ルーサンヌ、クレレットなどの品種を使った赤、白、ロゼ

◆クロ・サント・マグドレーヌ、プロヴァンス
・カシー・ベル・アルム（白、マルサンヌ65％、クレレット15％、ユニ・ブラン15％、ブールブラン5％）

◆プレモン、ガスコーニュ
・コート・ド・ガスコーニュ（白、コロンバール種）
・レ・ヴィーニュ・レトルヴェ・サン・モン（白、グロ・マンサン、アリュフィアック、プティ・クルビュ種のブレンド）
・レ・ヴィーニュ・レトルヴェ（白、グロ・マンサンとプティ・クルビュ種）
・ドメーヌ・ド・カッセシーニュ（白、グロ・マンサン70％、コロンバール30％）

・モナステール・ド・サン・モン（赤、タナ種）

13章 テロワールの科学

ワインはこの世でもっとも文明化されたもののひとつ、
この世でもっとも自然なもののひとつであり、
最高の完成品である。
——アーネスト・ヘミングウェイ『午後の死』より、一九三二年

中世のブルゴーニュの修道士たちは、土の味をみてブドウ畑に最適な土地を選んだという言い伝えがある。実際にありそうな、示唆に富む話だが、本当に食べてみたわけではないだろう。「テロワールの歴史そのものがしばしば誤伝されている。何世紀もの間、テロワールはフランスワインの基本ではなかったし、ブドウ畑が違えばワインの味も違うと気づいた修道士たちがテロワールを発見したわけでもない」と、歴史家のロッド・フィリップスは論文「フランスワイン史の神話」で書いている。プレモンのワインに鉄やチョークの味がすると私は想像もしていなかった。少なくとも実際に味わってみるまでは、そんなはずはないと思っていた。

テロワールをめぐる論争は科学で解決できるのだろうか？　端的な答えが見つかるのか、それと

も、謎が謎を呼ぶだけだろうか？　おそらく、その両方だろう。だからこそ、ワイン愛好家は岩混じりの土（花崗岩など）はワインに岩のフレーバーを与えると言い切れる日が来るのを待ち望んでいる。

「実際、妻も僕もその問題に悩まされている」とカナダのノバスコシア州に住む遺伝学者のショーン・マイルズは言う。「ワイナリーにテイスティングに行くと、誰かがこう言う。『ここのブドウは粘板岩の多い土壌で育ったから、ミネラル分が多い』僕たちは反論する。『いや、そんなはずはない。それは短絡的すぎる。ブドウの木は地面からミネラルを吸い上げたりしない』と」

ウェールズ大学の地質学者アレックス・モルトマンは、このテーマに関する論文を発表している。その中で、彼は「ブドウ畑の地質をワインの中に味わうことができるという概念、いわゆる『土地《グー・ド・》の味《テロワール》』は、ジャーナリズムの格好のテーマであり、強力なマーケティング戦略となるロマンチックな概念だが、まったくの逸話にすぎず、いかなる字義通りの意味においても科学的に不可能な概念である」

ワイン愛好家が「テロワール」という言葉をさまざまな意味で使うようになった背景には長い歴史がある。一九〇〇年に『ニューヨーク・タイムズ』に、ある種のワインには「ほとんどブルゴーニュのグー・ド・テロワールがある」と主張する記事が掲載された。だが、一九八八年に『タイムズ』は、あるワインコンテストでこの過度の単純化が訂正されたと報じている。ボルドー大学の土壌学者ジェラール・セガンによると、テロワールは単に土壌と解釈されることが多いという。「〔だが、〕この言葉は、正しく理解するなら、それよりはるかに多くの意味がある。土地、土壌組成、水はけ、気候、ブドウの木、接ぎ木の台木、ブドウ品種、そして、栽培とワイン造りに人間が果たす役割を統合した生態系である」ところが、一九九三年に『ニューヨーク・タイムズ』はまたかつての短絡的なワイン評論を掲載して、「クラシックなブルゴーニュのグー・ド・テロワール、すなわち土の味と芳醇なブーケ（熟成中に生まれる香り）をもつ」ワインを推奨した。

二〇一四年にカリフォルニアのブドウ畑を対象とした調査が実施され、人間が都市に集まるように、土壌には微生物やバクテリアや菌類の群集があることが判明した。さらに、DNA配列を調べると、ワイナリーで破砕されたシャルドネやカベルネ・ソーヴィニヨンにまだ微生物が付着していることもわかった。この「微生物学的テロワール」がさまざまなブドウ品種に地域差を生み出す要因ではないかと研究者は考えている。このことは少なくとも二つの理由から重要だ。第一に、こうした小さな土壌生物は発酵に影響する。

第二に、微生物とテロワールの間に関連があることは有機農法に科学的根拠があることを示唆している。土壌の微生物群衆を全体として捉えると、有機農法の是非をめぐる果てしない議論に新たな展望が開けてくるからだ。当然ながら、殺虫剤や殺菌剤は標的の昆虫や病原菌だけでなく土壌に棲む生物の大半を殺してしまう。従来の「土壌」という概念は単純に割り切りすぎたものだった。砂質土、岩地、肥えた土壌、痩せた土壌といった区別だけでなく、そこに棲む生物を含めて考えなければならない。このことを園芸家は経験から知っている。ある種の植物がよく育つ土壌もあるが、育たない土壌もある。後者の場合は、土を適切に混ぜ合わせることで状況を改善できる。土の味をみた中世の修道士たちは的はずれなことをしていたわけではなかった。土が違えばワインのフレーバーも違ってくる。ただ私たちが思い込んでいた理由からではないだけだ。

二七三種の微生物サンプルを調べた結果、微生物の種類はブドウ品種やその土地の気象条件や地勢と関連があることがわかった。ということは、将来、誰もが納得できるテロワールの定義が生まれる可能性がある。しかし、今のところ論争はいっこうに収まる気配はない。二〇一六年初めに、カリフォルニア大学デービス校のブドウ栽培学教授マーク・マシューズの『*Terroir and Other Myths of Winegrowing*（テロワールをはじめとするワイン造りの神話）』がカリフォルニア大学出版局から上梓された。ある書評家は「神話を目の敵にした本」と評し、別の書評家は「『テロワール』という言葉ほどワイン界で濫用され無意味に使われる言葉はない」と言った。『ザ・ソム・ジャーナル』は、「詳細な調査に基づいた著作で、真面目なソムリエなら読むべき本だが……必ずしも賛同できないだろう」と書いている。

現行版の『オックスフォード版ワイン必携』第四版は、テロワールの意味を広げて「ある種のブドウが栽培される自然環境全般、土壌、地形、気候といった要素を含む」と定義している。伝統にも科学にも敬意を払った完璧な定義と言えるだろう。実は、二〇〇〇年前にも同じことを言った作家がいる。四世紀頃、古代ローマに生まれたコルメラの『農業論』は初期の農業に関する重要な著作だ。その中に記されたアドバイスは現在でも通用する。「よく考えなければいけないのは栽培するブドウの品種と習性を地域の状況と考え合わせることである。気候や土壌によって栽培法は違ってくるし、ブドウにもいろいろ品種があるからだ。どの品種が最適か判断するのは容易ではないが、経験からわかるように、どの地域でも在来種が多少の差はあれ適している」

世界中で数種類のフランスやヨーロッパのブドウ品種だけが栽培されている現状に警鐘を鳴らす一節もある。「ほかの地域から植え替えた品種の挿し穂は、在来種ほど土になじまず、言ってみればよそ者であるという理由から、気候や状況の変化に弱く、品質の確たる保証もすることもできず……」

14章 帰国、そして聖地のワイン

……天より見おろして、照覧あれ、
このブドウの木をかえりみたまへ……
――詩篇　八〇篇一四節（欽定訳聖書）

中東への最後の旅が終わったのは二〇一六年の晩夏、ホテルの部屋でクレミザンワインに出会ってから八年が経っていた。帰国して最初にマンハッタンに立ち寄ったのは、秋雨の降る日、グリニッジ・ヴィレッジのアスター・ワイン&スピリッツの試飲会に出かけたときだった。階段をのぼって会場に入ると、ソムリエやワインバイヤーでごった返していた。思い思いにテーブルについて、香りを嗅いだり、グラスを回したり、何十本も並んだ瓶から試飲したりしている。いつもの光景だが、今日はひとつ違う点があった。ワインはすべてジョージア産なのだ。

高いアーチ形の窓が冷たい雨に煙っているのを眺めながら、私は見慣れない白ワインを試してみた。不透明な深い黄金色、搾りたてのシードルのようで、ほかのワインとまったく違う。山の森の中でこのワインを飲む木こりの姿や、太古の洞窟に集う人々の姿が目の前に浮かんだ。製造元は家族経営の小さなワイナリーで、ラベルには六人の男女を描いた素朴な絵と「アワー・ワイン（私たちのワイン）」という名前。生産者のジョージア人男性がワインの歴史を説明し始めた。「あなたの国に行ってきたんですよ」と私が笑いかけると、男性は驚いた顔をした。

こんな手造りワインがなぜはるばるニューヨークまでやってきたのだろう？　この試飲会を開催したリサ・グラニックを見つけて、一〇年前にこのイベントが開けただろうかと訊いた。「まず無理」という答えが返ってきた。アメリカの消費者がワインの多様性を受け入れたのも、ジョージアの生産者たちがアメリカを市場として意識したのも最近のことだという。私は土の香りのするワインをもう一口飲んだ。一瞬、過去を味わったような気がした。

グラニックはフルブライト奨学金を受給して、ジョージタウン大学ローセンターで学んだという経歴の持ち主で、アメリカに約三〇人しかいないマスター・オブ・ワイン（MW）の持ち主だ。MWはワイン界でもっとも権威のある資格で、全世界で三五五人（二〇二二年二月時点では、四一八人。うち一四九人が女性）しか持っていない。もともとロンドンのワイン商名誉組合——一三六三年に勅許状を与えられたギルド——が創設した複数年の難しいプログラムに合格しなければならない。試飲のあと、グラニックをつかまえて、これまで無名だったワインが脚光を浴びるようになった経緯を訊いた。とりわけ都市部で、新しいワイン、新しい製造者、新しいストーリーへの需要が高まり、これまであまり知られていなかった国のワインに注目が集まるようになった。世代交代の影響もあるという。「「若い世代は」親世代が飲んでいたのとは違うワインを探している」ルカツィテリがリースリングに取って代わるとは思えないけれど、今では市場に定着していると彼女は言った。

この試飲会の数ヵ月後、あの素朴な「アワー・ワイン」をまた飲みたくなって、アスターのウェブサイトを開いた。そこに掲載されていた案内は次のとおり。「琥珀色で初心者には不向き……タンニンが豊富で極度の辛口、冒険心に富む人にしか勧められない」さらにこう続く。「このワインをポップソングに譬えるなら、『ウォーク・オン・ザ・ワイルド・サイド』か『クレイジー』、『リヴィン・ラ・ヴィダ・ロカ！』といったところだろう……軽く口当たりのいい、いくらでも飲める白を期待してはいけない。どっしりと重く、土の香りがして、苦みがある（この点は強調しておこう）、ベッドの下に潜んでいる頭のおかしなモンスターのようなワインなのだ！」そして、表示が出ていた。在庫切れ。試飲会でリストに載っていたジョージアワイン一〇種類のうち八種類が売り切れだった。グラニックの言うとおりだ。世の中には思った以上に冒険心に富むワイン愛好家がいる。そして、今や私もそのひとりだった。

二〇一五年の秋、『オックスフォード版ワイン必携』第四版が出版され、イスラエルには複数の地元ブドウ品種があり、クレミザンではそうした品種からワインを造っていると改訂された。私が問い合わせた結果、六三六年から一八〇〇年代後半までの大半の時期、あの地域ではワイン造りが行われていなかったという誤った記述も訂正された。正直なところ、私は雪辱を遂げた気分で、将来の改訂版ではドローリの調査やイスラエルのさらに多くの固有種が採り上げられることを期待した。

同じ頃、私はクレミザン探訪記をＡＰ通信に寄稿した。「古代の伝統を守るパレスチナのワイン造り」という見出しをつけた記事は、世界中の紙の新聞にもウェブサイトにも掲載された。その年の一一月には『ニューヨーク・タイムズ』が、シビ・ドローリの研究に触発されてイスラエルワインの紹介記事を掲載し、こちらはさらに注目を集めた。当時、イスラエルのレカナッティ・ワイナリーの醸造者だったイード・レウィンソンは、新しいワインのラベルにアラビア語、ヘブライ語、英語を使った理由を説明している。ワインに使ったブドウは「イスラエルのものでも、パレスチナのものでもない。この地域のブドウで、それは素晴らしいことだ」という。その後、レウィンソンは私にアメリカに販売代理店があること、そして、地元品種で赤ワインを造る準備を進めていることを教えてくれた。一二月には、CNNがイスラエルとパレスチナのワインの特集を組んで、「イエス・キリストは何を飲んでいたか?」というタイトルをつけた。

「大々的に報道された去年の秋から急に忙しくなった。どこで買えるかという問い合わせのメールが山のように届く」と、アメリカのクレミザンワイン販売代理店のジェイソン・バジャリアは報告してくれた。「今ではニューヨークのイスラエル・レストランの大半に卸している。なにしろ、ニューヨークだから、ほかとは違う。これだけの数の(しかも有名な)レストランがあるわけで、クレミザンワインにとって大きな進歩だ」

クレミザンはもはや無名ではない。私もこのあたりで腰を据えて、ホテルの部屋でクレミザンワインに出会ってからのことを振り返ってみたい。あの出会いがきっかけとなってワイン遍歴の旅に出かけ、古代ワインのルーツをたどり、無名の品種を擁護し、フランスの有名品種ばかりがもてはやされる時流に逆らってきた。予想もしなかったことばかりだ。

今後は資料を読んだり考えたりすることに時間を充てようと思う。フランスワインの神話をめぐる論文を発表したロッド・フィリップスが、『*French Wine*：*A History*（フランスワイン：ある歴史）』という本を出した。偉大なワイン造りへの敬愛に満ちた内容だが、テロワール以外の神話にも疑問を呈している。たとえば、フランスのブドウ畑の多くは一四世紀ないし一五世紀にさかのぼるという従来の主張に関して、次のように書いている。

そう聞けば、系統、安定、伝統という点で安心でき、さまざまな望ましい連想が生まれる。［だが、］フランス一帯の［ブドウ畑の］多くは、一三〇〇年代半ばの黒死病の流行と一四〇〇年代半ばまで続いた百年戦争、一六九三年と特に一七〇九年の極寒の冬のせいで荒廃した……［実際］ワイン産業やワイン文化に二〇〇〇年以上の歴史を持っているにもかかわらず、フランスの醸造家たちが現在の場所で現在の品種を栽培するようになったのは、新世界の醸造家たちとほぼ同じ時期であり……近代フランスワインを遠い過去とつなぐ連綿と続く物語は、きわめて脆弱《ぜいじゃく》な地盤に立っている。

世界がこれほど惚れ込んでいる有名な高貴品種に関しては、こう書いている。「最近まで、フランスワインはフィールド・ブレンドで、数品種を同時に収穫して、まだ若いブドウ、熟れたブドウ、熟れすぎたブドウ、腐りかけたブドウもすべて使っていた。それらをいっしょに圧搾して混醸し、果汁はタンクに入れて数週間発酵させてから、不潔な樽に入れて貯蔵した」

なるほど、そうだったのか。ほかにも疑問を呈するべき神話はないだろうか？　すぐにひとつ頭に浮かんだ。

『オックスフォード版ワイン必携』の「聖地では約一〇〇〇年間ワインが消えていた」という一文がずっと引っかかっていたが、そのあとに続く記述はあまり気にとめていなかった。一八八〇年代にエドモンド・ドゥ・ロスチャイルド男爵がワイン醸造を復活させたと記されていた。当時パレスチナと呼ばれていた地域におけるワイン醸造と農業にロスチャイルドが貢献したのは間違いないが、その影響は望ましいものばかりではなかったのではないだろうか。ロスチャイルドはフランスの高貴品種神話に取りつかれていたようだ。一八八〇年代初めに専門家から現存するパレスチナの品種によるワイン醸造を推奨されたが、結局、選ばれたのはフランスの有名品種だった。一八八四年から一八八六年にかけて在来種の古いブドウの木が大量に伐採されたという記録もある。ロスチャイルドは歴史的にユダヤ教と関連があるブドウに関心を示さなかった。その後、一二〇年以上経って、シビ・ドローリのチームが在来種を絶滅から救ったのである。だが、私にはロスチャイルドの選択にはもっと深い意味があるように思える。イスラエルのミズラヒム系ユダヤ人は出身地である中東諸国の文化遺産の継承に熱心だが、ヨーロッパから来たアシュケナージ系ユダヤ人はそれに反発し、ミズラヒムの文化遺産（および中東の食物や伝統）をめぐる論争が今も続いている。

この対立に思いを巡らせながら、私は『*A Miniature Anthology of Medieval Hebrew Wine Songs*（中世ヘブライのワインの歌の小選集）』を読んだ。思わずにんまりするような詩が多いが、なかでも気に入っているのはシュムエル・ハ・ナギドの詩だ。一心に祈り、一心に楽しむことをモットーとした人物である。

隠されたもののことをあれこれ考えてもしかたがない。
それは神に、隠された存在に任せよう。すべてお見通しだ。
それよりも、リュートを奏でる乙女を呼んで
珊瑚色の酒をカップに注がせよう
樽詰めされたのはアダムの時代か
それとも、ノアの洪水の直後か
ぴりりとしたワインは、まるで乳香
輝くワインは、まるで黄金か宝石
こんな愛妾や女王のようなワインなら
いにしえのダビデ王もよみがえるだろう

中世の詩を読んでいるうちに、この時代の聖地のワインのことが気になった。一〇〇〇年から一六〇〇年の間の最大規模のユダヤ人の国外脱出は、イスラム圏からではなく、スペインをはじめとするヨーロッパ諸国からだった。そして、その多くがオスマン帝国に定住した。一四五三年、スルタン、メフメト二世は次のような布告を出してユダヤ人移民を歓迎した。「私と共にいる臣民のすべてが、自分の神とともにあるように。そして、私の玉座のあるイスタンブールの都へのぼること

を許そう。最高の土地で、自分のブドウの木とイチジクの木の下に住むことを、銀と金、富と家畜を持つことを許す。この国に住み、商売をし、土地を所有することを許そう」

実際、オスマン帝国の君主の中には、ユダヤ人と提携してワイン事業に乗り出し、税金と輸出による歳入増を図った人物もいた。一五五二年頃、スレイマン一世はユダヤ人のメンデス一族を廷臣に取り立て、ドン・ヨセフ・ナシはユダヤ人外交官となった。一五六六年に即位したセリム二世（別名「飲んだくれのセリム」）は、ワインの製造と輸出に関する幅広い権限をナシに与え、エーゲ海、キプロスから中東におよぶオスマン帝国の広大な領土で交易させた。歴史学者のアヴィグドール・レヴィーの推定では、ナシはワイン交易で一万五〇〇〇ダカットの年収を得ていたという。私もキプロスで、一七四六年から一七七〇年の間に一五万ケース以上がヴェネツィアやロンドンに輸出されたという記録を読んだことがある。ということは、オスマン帝国の支配下でも、中東の各地でワインの輸出が盛んに行われていたわけである。時折たしなむ程度ではなかったのだろう。

あれこれ考え合わせていくと、ふと思いついた。私の注意を引いた『オックスフォード版ワイン必携』の第一版の記述――イスラエルからワインが消え、地元ブドウ品種も少なくなったという記述は、ワイン産業の大きな変化を象徴していたのではないか。つまり、フランスの有名品種一辺倒の伝統の始まりである。アーネスト・ヘミングウェイは『武器よさらば』の中で、winefullyという本質を突いた造語を使っている。「ワインをさんざん飲んだあとコーヒーとストレガを飲み、winefully（ワインで頭がいっぱいになって）説明した。我々は本当にやりたいことはしないものなのだ、と。実際、我々は本当にやりたいことはぜったいしない」

今思うと、私はホテルの部屋でクレミザンワインにめぐりあって「ワインで頭がいっぱいになった」どんなものかわからないのに、古代のワインを追い求めようとした。それに気づいた今では、ワイン愛好家の断片的な意見にも耳を貸せるようになった。文学教授でもあったポール・ルカーチは、著書『*Inventing Wine*（ワインの発明）』の中で、歴史の大半を通してワインは味よりも多幸感のおかげで尊重されてきたと主張している。「実際、大半の古代ワインの説明を読むと、まずいとは言わないまでも、それほどおいしいとは思えない。おそらく、現代人の味覚には合わなかっただろう」さらに、「第二次世界大戦後に成年に達したワイン愛好家は、それ以前のどの世代より多くのフレーバーを経験する機会を得た」とも書いている。

古代ワインが現代人にはまずく感じられるという指摘は私には同意しかねるし、個性豊かな地元品種がヨーロッパ中で見捨てられた時代により多くのフレーバーが生まれたとも思えない。結局、ルカーチもフランスの有名品種にとらわれているのだろう。私はこう反論したい。「エジプト人はピラミッドをつくり、ギリシア人は数学（ピタゴラス）、天文学、哲学、文学の先駆者だ。そんな人々においしいワインが造れないはずがない」マクガヴァンにも意見を訊いてみた。「一〇〇〇年以前のワインにそれなりの魅力があったという君の意見に賛成だ。そうでなければ、あれほど大量に造って熟成させるといった手間をかけたりはしないだろう」という返信が届いた。

ジョージア大学の古典学名誉教授のリック・ラフルールにも問い合わせてみた。ラフルール教授は古代ワインを一概にまずいと断じるのは間違いだと断言した。「二〇〇〇年前にもワイン通はいた」と彼は言う。「古代人はワインが好きだった。現在のアメリカ人が安価な大衆ビールを飲むようにワインを飲んでいた人々もいただろうが、中流・上流階級やインテリ、グルメ、そして、当時のワイン通は、特定の品種やヴィンテージにこだわっていた」

要するに、古代ワインも現代のワインと同じように——そして、人間と同じように——さまざまだったわけだ。おいしいワインも、まずいワインも、安物も高価なものもあったし、祭祀用や薬用もあり、スパイスを加えたものも、新しいワインも熟成したワインも、赤も白もロゼもあった。ブドウ畑は時の流れとともに栄枯盛衰を繰り返した。異教徒もキリスト教徒もユダヤ教徒も、そして、イスラム教徒でさえ、時にはこっそりと、ときには公然とワインを飲んでいた。

ルカーチがなぜ古代ワインをまずいと言い切ったか考えているうちに、「神の恩寵《おんちょう》がなければ私もそうなっていた」という諺《ことわざ》を思い出した。彼は古代ワインをある観点から眺め、私は別の観点から見ていただけのことだ。知識に基づいていたとしても、いずれも推測にすぎない。どちらも個人的な記憶や味覚、さらには、それと断定できないもろもろのものに影響を受けているのである。

Tasting

シビ・ドローリの研究がさらに進めば、最終的に在来種で造られた聖地のワインがもっと増えるだろう。レカナッティ・ワイナリーではすでに一種類造られており、醸造家のイード・レウィンソンは新しいワインを試作中だ。ビニャミナ・ワイナリーのエフタ・ペレツも注目に値する醸造家である。

◆レカナッティ・ワイナリー
・マラウィ（白、ハムダニーおよびジャンダリー品種）

ホセ・ヴィアモーズはレバノンでも調査を行ない、在来種のオバイデがユニークな遺伝子プロファイルを持っていることを突き止めた。ベッカ渓谷にある二つのワイナリー、シャトー・ミュザール（www.chateaumusar.com）と、シャトー・サントマ（www.clossthomas.com）では、オバイデ種のワインを製造している。

15章 アメリカのワイン用ブドウ品種

これから説明する用語は、
ワインのさまざまな品質を特徴づけるもので……。
――トーマス・ジェファーソン、一八一九年

私のワインに対する知識には盲点がまだまだある。たとえば、これまでアメリカのブドウについて考えたことがなかった。具体的に言うなら、母と亡き継父が住んでいたインディアナ州ヴェヴェイにある家の話をいつも聞き流していた。二人は由緒ある建物や土地に固有のものが大好きで、一八一四年に建てられたというその家はアメリカのワイン史に大きな足跡を残した一族が所有していたと繰り返し聞かされていたのに、真剣に耳を傾けたことはなかった。

その一方で、スズメバチと共生する野生酵母のＤＮＡに関する論文を読んだり、古代エジプトやローマのアンフォラの栓の特徴を調べたり、コーカサスの古い神話を研究したりしてきた。だが、ヴェヴェイという地名がスイスのヴヴェイにちなんだものだということも、アメリカのワイン醸造の父と言われるジャン・ジャック（英語風にジョン・ジェームズとも）・デュフールがつくった町

だということも知らなかった。継父の死後、母の引っ越しを手伝うために一週間滞在していたときにも、デュフールのことは念頭になかった。あのとき調べておけばよかったと後悔したのは、ずっとあとになってからだ。

デュフールはアメリカでワイナリーを成功させるという目標を掲げて、家族や同志とともにスイスから移住してきた。一八〇一年に議会に請願してオハイオ川岸に特別土地供与を受けると、ラインやローヌに匹敵するワイン産地にすると宣言した。造ったワインを当時のトーマス・ジェファーソン大統領に献上し、一八二六年にはアメリカで最初のワイン醸造に関する本、『*The American Vine-Dresser's Guide*（アメリカのブドウ栽培者の手引き）』を出版している。ヴェヴェイ・ワインは一時期人気を博したが、最終的にブドウ畑は消滅した。ブドウの病気や後継者不足が原因だったようだ。

私は自国のワイン用ブドウを調べてみようと思い立ったが、アメリカ原産のコンコード種がワインに不向きなせいもあって、昔から研究するだけ無駄と言われているのは知っていた。それにしても、サペラヴィ、ヒムバートシャ、ジャンダリーといったヨーロッパ稀少品種に興味を引かれながら、なぜ私は自国の品種に関心がなかったのだろう。デュフールのことを調べていくうちに、その理由がわかってきた。一部の人がクレミザンワインや古代ワインを鼻であしらうように、無意識のうちにアメリカのブドウ品種を下に見ていた。遺伝学者のショーン・マイルズが言う「ブドウ栽培のアパルトヘイト」に膝を打ち、少数のヨーロッパブドウを「高貴品種」と称する愚かさを嘲笑していたのに、ある意味で私も偏見にとらわれていたのである。

だが、ワイン醸造の歴史のない土地に在来種があるだろうか？　上質ワインを造れる品種がアメリカにあるのかという問いには一世紀以上にわたって否定的な答えが返ってきていたが、それが最近ようやく変わりつつある。

建国以来、ジョージ・ワシントンやトーマス・ジェファーソンをはじめ多くの人物がブドウ栽培に乗り出してきたが、ほとんどが失敗に終わっている。そのはるか前にスペインの伝道師たちがブドウの苗木を新世界に持ち込んだ。この「ミッション（伝道）種」は、一八〇〇年代にカリフォルニアで盛んに栽培されたが、やがてフランス品種に取って代わられた。ワインを飲む習慣をアメリカに伝えたギリシア、シチリア、スイスからの移民は、在来種には興味を示さなかったからだ。そのせいでここ七五年間、カリフォルニアに代表されるアメリカのブドウ産地では、もっぱらヨーロッパの有名品種が栽培されてきた。

アメリカの在来種が他の品種とはっきりと異なる理由は正確にはわからないが、ヒントとなるのが太古の出来事である。かつて北米大陸は、パンゲアと呼ばれる超大陸の一部としてヨーロッパ、南米、アフリカ、アジア大陸とひとつの塊だったが、二億年ほど前にゆっくりと分離し始めた。南北アメリカ大陸が分離したあと、アメリカのブドウ品種は独自に進化を遂げ、ヨーロッパや中東の品種と異なるフレーバーを持つ多様な品種が生まれたと考えられる。コンコード種からはおいしいジャムがつくれるが、『ワイン用葡萄品種大事典』では、わざわざこんな説明がつけてある。「アメリカの品種、とりわけヴィティス・ラブルスカで造られたワインは、独特のフレーバーを有する場合がある。良さがわかるまでに時間を要する味であり、動物の毛皮と砂糖漬けの果物をいっしょにしたようなフレーバーである」スカンクに一発食らったあと泥の中を転げまわった犬のようなにおいと表現する人もいる。おそらく、アメリカ人は早々と在来種に見切りをつけたのだろう。

ところが、近年、ミネソタやカリフォルニアといった複数の州で、固有種の研究が奨励されるようになった。ミネソタ州では一九八〇年代初めにブドウ育種プログラムに基金を充当している。目標は有望な交配種《ハイブリッド》をつくることだ。「実に二〇年近くかけて最初の品種、フロンテナックを「ブドウ畑に」送り出した。交配に成功したのは、一九七七年です」ミネソタ大学のブドウ育種学およびワイン醸造学の助教授マシュー・クラークは、私の電話インタビューに応じてくれた。

耐寒性のある在来種とヨーロッパ品種を交配して、風味豊かで病気に強く、生産性の高い品種をつくるのは予想以上に困難だった。「苗木から栽培品種の段階にまでなる確率は一万分の一。宝くじのようなものですよ」とクラークは言う。

ミネソタ大学では、種苗場での交配、つまり、ブドウを受粉させる方法をとっており、研究室でGMOと呼ばれる遺伝子組み換え作物をつくっているわけではない。私はこの違いを考えてみた。一〇年前の私ならこうしたハイブリッドから造られたワインには難色を示していたかもしれない。しかし、在来種のDNAとヨーロッパブドウのDNAの両方を持つハイブリッドは、譬えてみれば、移民たちがつくり上げたアメリカのようなものだろう。育成過程を加速させたという批判もあるが、研究チームは、基本的には、数十万年前からブドウが持っている風味や耐病性や成長遺伝子に改良を加えただけだ。私から見れば、古代バビロニア人、エジプト人、ギリシア人のように、ワインを愉しむためにブドウに磨きをかけたのである。

現在、ミネソタ大学の研究チームは、野生ブドウと生食用ブドウを交配して独特の風味を持つブドウをつくり、それをワイン用ブドウに育てようとしている。「フレーバーの点でアメリカの野生ブドウの可能性はどうですか？」私は訊いた。

「フレーバーの多様性は驚くべきものです」クラークは答えた。「パイナップルやイチゴや黒胡椒のような味のブドウもある。限界があるとしたら、我々が研究にかけられる時間でしょう。私たちはヨーロッパスタイルのワインを北米の遺伝資源を活用して開発しようとしているんです」

アメリカの野生ブドウのフレーバーはいたって評判が悪い。キツネ臭いというのが定番表現だ。フレーバーはDNAの特定の——おそらく微細な——部分から醸し出されるという。それなら、不快なにおいは除去できるのだろうか？「目下、不快なアロマやフレーバーを特定しており、確かな手応えを得ています。最終目標は、結実する前の苗木の段階でDNA解析を行なって、望ましくない特性を突き止めること」とクラークは言った。

それに成功すれば、ヨーロッパのワイン醸造家には手の届かないフレーバーとアロマの宝庫を開くことになるだろう。「我々が造るワインはニッチではあるが、ユニークなフレーバーを提供できる」とクラークは自負している。「地元産品やアメリカのブドウに関心のある人々にとって大きなビジネスチャンスとなるでしょう」

新しいハイブリッドでワインを造っているワイナリーがニューイングランドにあった。バーモント州バーナードは、最高級ワインのイメージとは程遠い小さな町だ。陶器店や乳製品の店、オウタークィチー川岸には白い屋根の植民地時代風の建物が並び、少し足を延ばすと屋根付きの橋やスキー場がある。そんなのどかな町に住むディアドラ・ヒーキンが「ラ・ガラギスタ」で育てたブドウで造ったワインを『ニューヨーク・タイムズ』が二〇一五年のトップテンに選んだときは、オクラホマ州のレストランが提供する鮨《すし》が全米一位に選ばれたような驚きが広がった。

「二、三年前まで、まさかバーモントワインに惚れ込むなんて想像もしていなかった」と『ニューヨーク・タイムズ』の評論家エリック・アシモフは書いている。「[しかし、彼女の]ワインは魂がこもっていて惹かれずにいられなかった。とりわけ気に入っているのは、フローラルな香りがして、スパイシーできりりとした二〇一三年物のダム・ジャンヌだ」。アシモフはアメリカでもっとも影響力のあるワイン評論家のひとりで、世界中のワイナリーは彼が選ぶトップテン入りを夢みている。世間を驚かせたのはワイナリーの場所だけではなかった。アシモフが賞賛したワインは、マルケットという赤ワイン品種とラ・クレセントという白ワイン品種で、いずれもミネソタ大学がつくったハイブリッドだったのである。ヒーキン自身もワイン醸造で成功するとは思っていなかったと著書『*Libation :A Bitter Alchemy*（献酒：苦い錬金術）』に書いている。

ルーツをたどると、イタリアかフランスの祖先、さもなければ、せめてカリフォルニアでワイン造りをしていた祖先が、荒れ果てたシャトーか石造りの大きな農家に住んでいて、ライムと金属の匂いのする地下の涼しいワインセラーが村で評判だったというような話ができればいいのですが。祖父母か曾祖父母が、ナポリの港を出港して、船倉のシラミだらけのマットで眠りながら、ブドウの種と苗木を入れた木箱だけは肌身離さず、新世界にたどりついて住むところと仕事を見つけるとすぐ、長屋の庭にブドウを植えたというような話ができれば。でも、そんな話はできすぎだと思うし、実際、そうではないのです。

数年前に栽培を始めたばかりのバーモントの小さなワイナリーが、なぜこれほど評判になるのだろう？　ヒーキンが使っているハイブリッド種はアメリカのブドウ栽培の未来を予言しているのだろうか？

実は、ヒーキンには別の意味でヨーロッパにルーツがあった。一九九〇年代初めにケイレブ・バーバーと結婚した翌日から一年間、夫婦でイタリアに滞在していたのだ。その間にイタリアで始まったスローフード運動に共鳴し、帰国すると、パン屋、農場、レストランを経営し、最終的にはワイナリーも構えた。電話取材に応じてくれたヒーキンは、当初計画になかったワイナリーを構えた経緯をこう語った。「レストランで出すワインを選ぶのは私の仕事だったの。仕入れていたのはイタリアの在来種で造ったワイン。もともとその土地で生まれたものに惹かれる傾向があって、シャルドネやメルローといった国際的品種には興味がなかった」イタリアの修道女たちが造った白ワイン「コエノビウム」に感銘を受けて、その修道院を訪ねたという。そして、バーモントに帰ってきたとき、はっとひらめいたそうだ。「この素晴らしいワインは、自然がその年に与えてくれたものだと気づいた。そう思うと、自然に対する感謝の気持ちでいっぱいになって、いろんなことを考えさせられた。修道女たちのおかげよ」コエノビウムは何種かのブドウのブレンドで、レオナルド・

ダ・ヴィンチの畑で栽培されていたマルヴァジーアも使われていた。

バーモントという土地を知るにつれて、ヒーキンとバーバー夫妻は地元のブドウでワインを造ってみようと思うようになった。「無謀なことだとわかっていた」とバーバーは『タイムズ』のインタビューで語っている。「それでも、やれると思った。そして、ここでワインを造るために、いろいろ情報を集めて……」

バーモントのワイナリー、リンカーン・ピークを訪ねたことも、一歩踏み出すきっかけとなった。アメリカのブドウからいいワインは造れないというのは嘘だとわかった。リンカーン・ピーク・ヴィンヤードでは新しいハイブリッドを栽培していて、その品種で造ったワインは最高においしかったからだ。夫妻は苗木を分けてもらって農場に植えると、寒冷地でのブドウ栽培を研究し始めた。「ここにはブドウ栽培の歴史もワインに関する情報もなにもないから、アルプス地方から手に入るかぎりの資料を集めて独学した」とヒーキンは語る。「でも、アルプスのワインをまねるつもりはなかった。学んだことを活かして、どんなワインを造るか、発酵の観点からどんなワインセラーにするかとか、そういうことを考えた」バーモントでドイツワインを造るのではなく、似たような気候でのワイン醸造技術を学びたかったのだという。

ヒーキンによると、ハイブリッドから造ったワインは、ほかの品種とは異なるテロワールを示すという。「だんだんわかり始めてくると、わくわくしてきたわ。たしかに品種の個性はあるけれど、それ以上に土地つまりブドウ畑の個性のほうが、ワインの印象として強くなっていく」夫妻が造るワインは爆発的に売れている。今ではレストランは閉鎖して、ブドウ畑で小さなワインバーと小さ《タベル》な食堂《ネッタ》を開いているそうだ。

バーモントは寒冷地だが、アメリカには温暖な地域も多い。そして、そこでも独創的なワイン醸造家が、そして、カリフォルニア大学デービス校がアメリカワインのために奮闘している。

グランドキャニオンに自生するブドウ（ヴィティス・アリゾニカ）は、昔からそこに棲む動物——コヨーテ、鹿、鳩、七面鳥——の餌となり、先住民のプエブロ族やアパッチ族、スペインの伝道師たち、初期のヨーロッパ移民の食料にもなってきた。この一帯のブドウには多くの病気に対する耐性が備わっており、テキサス州からアリゾナ州、さらにはメキシコ州でも松林や川岸、氾濫原で繁茂した。このヴィティス・アリゾニカのDNAを使って、甚大な被害を及ぼすブドウの病気を予防するという意欲的な栽培実験が進行中だ。

「素晴らしい着想なのか、途方もない妄想なのか、自分でもよくわからない」とカリフォルニアのワイン醸造家ランドール・グラハムは言う。そして、どちらか判明するまでに一世代かかるだろうとつけ加えた。新しいロゴをつくっただけでイノベーションと称されるワイン業界では、グラハムは斬新なアレンジでアメリカ国歌を演奏するジミ・ヘンドリックスのような存在だ。賛否両論あるだろうが、ユニークな存在感を放っているのは間違いない。グラハムが「ボニー・ドゥーン・ヴィンヤード」に次ぐブドウ畑「ポップローシューム」で行なおうとしているのは、伝統的で有機的かつ科学的な、それでいてワイン醸造を変革する可能性のある農法である。二八〇エーカーのブドウ畑は、サンタクルーズの南東約三〇マイルの風の強い丘陵地にある。

カリフォルニアのワイン醸造家として名声と富を手に入れたあと、グラハムはブドウ栽培の最大のタブーに挑戦しようとしている。ブドウ畑で自然交配させて、多くの新種をつくり出そうというのである。自然に任せればカリフォルニアの土壌や気候と相性のいい品種が生まれるはずだから、従来の育種よりも多くの風味を持つ品種ができるというわけだ。この彼の計画を奇異に感じるとしたら、ワイン業界ではブドウの繁殖を阻止することで安定した品質のブドウを手に入れるという「悪魔との取引」が行なわれていることに思いをめぐらせないからだろう。少なくとも私は考えたこともなかった。

グラハムは種から育てる栽培法と近代的な育種法の融合を図ろうとしている。近代的な育種法でブドウの進化を完全に止めることができたら病気を抑え込めると、私もヴィアモーズやマイルズから聞いたことがある。

ポップローシュームで栽培実験をしようと決意したきっかけを訊ねると、グラハムは決意したのは二〇一二年頃だと答えた。「テロワールを反映したワインを造りたいなら、従来とまったく違うアプローチが必要だと気づいた」という。

長年にわたってグラハムは定石どおりに成功を収めてきた。一九九〇年代には、ビッグ・ハウス・レッドとカーディナル・ジンによって全米で名を上げ、ジェームズ・ビアード財団賞を三度受賞している。二〇〇六年にこの二つの人気ブランドをワイン・コングロマリット（大手国際企業）に売却し、二〇一〇年にはカリナリー・インスティテュート・オブ・アメリカのワイン醸造家殿堂入りを果たしている。それでも、グラハムは栄光の陰の挫折を隠そうとしない。「私のワインは悪くないが、本当の意味で特色のあるワインを造ってこなかった。世間はそんなワインは求めていない。テロワールに関してひとかどのことを言いながら、それを実行しなかった」と彼は二〇〇九年に『ニューヨーク・タイムズ』で語っている。手ごろな価格のワインを造っている多くのワイナリーの例にもれず、アロマ強化酵母や酵素、アルコール度を人工的に低下させるスピニングコーンに頼っていた時期もあったと打ち明けている。

私にもそうした失敗を語るのを聞いていると、全米一のベーグルの名手イーライ・ゼイバーが自分のベーグルは特別でもなんでもないと謙遜するようなものだと思った。グラハムはシャルドネやメルローではなく、もっぱらブルゴーニュのピノ・ノワールを栽培してきたが、今になって根本的な妄想にとりつかれて何十年もあくせくしてきたような気がするという。「私の望みはブルゴーニュ［ワイン］を造ることだった。だが、当然ながら、カリフォルニアでブルゴーニュは造れない。ピノ・ノワールを栽培して、ブルゴーニュを模倣すれば、すべてうまくいくと思い込んでいた」

しかし、今や世界中のワイン生産者と同じ過ちを犯してきたことに気づいた。ブルゴーニュと異なる気候の下でピノ・ノワールから上質のワインを造ろうとしても所詮無理なのだ。二〇一六年初めにグラハムはワイン評論家にこう語っている。カリフォルニアのワイン生産者はフランスの品種の栽培にある程度成功し、消費者も一貫した品質を認めてくれた。「だが、その一方で、品質の向上や意外性、独創性という点で多くの可能性を失った。そして、これはカリフォルニアだけでなく新世界のワイン造りの悲劇的な失敗だ」

私はポップローシュームの栽培実験について、「ワインの最高学府」として有名なカリフォルニア大学デービス校のワイン用ブドウを研究している遺伝学者、アンディ・ウォーカーに電話で問い合わせてみた。デービス校はワイン生産者に似たようなワインばかり造らせると批判されることもあるが、ウォーカーの意見は大筋のところでグラハムと同じだった。「ランドールの実験は価値があると思う。多様性は重要だ。最適な個体を選んで使うのか、それとも、あらゆるバリエーションをブレンドして使うのか、興味のあるところだが、私としては両方のアプローチを試してもらいたい」とウォーカーは言った。

ポップローシュームでテロワールを反映した新しい品種が生まれるのだろうかという私の質問には肯定の答えが返ってきた。「彼は環境に選別させようとしている。当然、うまく育つ品種も、育たない品種も出てくるだろう。結果が出るには数十年かかる。短期的な実験ではない」結果の予測は難しいとウォーカーは言う。さまざまな種類のブドウを種から育てるという育種法は例がないからだ。ヨーロッパや中東のブドウ栽培は、種ではなく挿し木で伝播してきた。私はホセ・ヴィアモーズから聞いた話を思い出した。同じ房のブドウの種を全部蒔いても同じブドウにはならない。それぞれの種からそれぞれのフレーバーをもつブドウができる。同じ母親から生まれた子供たちでも髪の色や目の色や体型が違うのと同じだという。「幅広いバリエーションができるだろう。それこそグラハムがめざすところだ」とウォーカーは言った。グラハムはめざしている以上のものを得られるかもしれないが、数種の新しい品種をつくり出せれば大成功と言えるだろう。

ウォーカーによると、特定の品種や酵母から特定のフレーバーが生まれる仕組みが解明されつつあるという。テクノロジーを駆使したフレーバー探知の研究が近年、大躍進を遂げつつある。「ごく最近まで人間の鼻だけが頼りだった。だが、今では電子の鼻（電子嗅覚システム）がある」それによってワインやブドウに含まれた化合物を正確に同定できる可能性が出てきた。といっても、こうした新しい強力なツールを使って何ができるかはまだよくわからないという。「『これで何をしよう』という次の疑問を誰も本気で考えてこなかった」からだ。そして、ワイン業界やワイン愛好家が、ハイブリッドで造った新しいワインを受け入れるか、それとも伝統的なワインに執着するかはわからないとウォーカーはつけ加えた。

だが、新しいハイブリッドには大きなセールスポイントがある。野生の在来種が持っている耐病性遺伝子を解明できれば、新しいハイブリッドが受け入れられる可能性が高くなる。ピアス病（PD）はブドウ畑を丸ごと枯死させる恐ろしい病気だ。この病気を媒介するのはシャープシューターというセミを小さくしたような昆虫で、ブドウの木をよく観察したことのある人なら一度は見たことがあるだろう。カリフォルニア大学デービス校の調査では、一九九九年から二〇一〇年にかけて、業界ならびに連邦政府、州政府、地方自治体は、PD対策とシャープシューター駆除に約五億四四〇〇万ドルを費やしていた。こうした努力にもかかわらず、カリフォルニアのブドウ畑は毎年PDによって五六〇〇万ドルの被害を受けている。PD被害はカリフォルニアにとどまらず、全世界に広がっている。

経済的コストだけの問題ではない。べと病といったブドウの病気を防ぐためにブドウ畑には安全策として大量の殺菌剤が散布される。「『うちのブドウ畑にはヨコバイ一匹近づけないように、あらかじめ一帯のヨコバイを全滅させる』と言っているようなものだ」壊滅的な損害を回避するためとはいえ、農薬や殺虫剤の大量散布が今後も容認されるとは思えないとウォーカーは言う。フィロキセラ（ブドウネアブラムシ）の被害に苦しんだフランスのブドウ栽培者はさまざまな農薬を大量に使ったあげく、最終的には、耐病性を備えたアメリカの野生ブドウ品種に接ぎ木することで問題を解決している。

「アメリカでも方策を講じなければならない時が必ずくる。そして、その方策はある」その方策とは、野生ブドウの耐病性を備えた品種をつくることだ。すでにヴィティス・アリゾニカのＤＮＡを三パーセント持っていてＰＤに耐性があるブドウをつくることに成功したという。いずれは病気や黴や旱魃に強い品種もつくれるとウォーカーは期待している。それが実現すれば、大量の農薬や殺虫剤をブドウ畑に散布して、周囲の土壌や水路を汚染するのを防ぐことができるだろう。

だが、こうした画期的な研究は必ずしも歓迎されるわけではない。カリフォルニアのある有力紙は、ウォーカーの研究を「フランケングレープ」という言葉を使って紹介した。基本的には昔ながらの育種法と変わりはないのにと私はため息が出た。「フランケングレープ」という言葉は独り歩きして、今ではモンサントが販売している遺伝子組み換え作物と同義語になっている。公正を期するために付け加えると、その新聞は最終的には見出しの表現を変え、ウォーカー自身、自分の研究が貶められたとは思っていない。それでも、野生ブドウのＤＮＡを三パーセント持つ品種が記者の警戒心を呼び起こしたのは事実である。だが、フランスの有名品種にも高貴品種とは言えない親から生まれたものもある。「純潔種」など存在しないのだ。それはワイン業界の幻想にすぎない。おいしいトマトを、異種交配した別の品種のトマトのＤＮＡが三パーセント入っているからといって食べようとしない食通がいるだろうか。初期の遺伝子組み換え作物が恐れられたのは、異なる種の遺伝子が組み込まれたからで、たとえば、耐凍性をつけるためにトマトにヒラメのＤＮＡが組み込まれたことがあった。ＤＮＡは一連の遺伝的指令に過ぎないという科学者が説明しても、ヒラメとトマトの混合物というイメージがフランケンフードという言葉を広めたのは間違いない。アメリカのブドウからはいいワインができないと言われているが、ブドウのゲノムの一部を使って新種をつくれば状況は変わってくる。世間の反感は心理的障壁にすぎないのだろうかとウォーカーに訊いてみた。

「そのとおりだ。だから、乗り越えなければならない」とウォーカーは答えた。農薬の使用に対する社会的圧力が強くなったうえ、気候変動の影響がすでにブドウ畑に現れ始めた現状ではなおさらだろう。幸いなことに、遺伝子組み換えブドウの出番はないとウォーカーは言う。野生ブドウの遺伝的多様性と、これまで知られていなかった品種が次々と再発見されているからだ。「遺伝子が入手できるなら、遺伝子を組み換える必要はない。そして、ヴィティス（ブドウ属）に関するかぎり、必要なものはそろっている」

ウォーカーのアメリカブドウ品種研究は、今後さらに多くの遺伝的意外性を明らかにしてくれるだろう。三〇年以上かけて、彼はアメリカ南西部のあちこちから約一二〇〇種のブドウのサンプルを集めた。一六〇〇年代にスペインの伝道師たちが持ち込んだと言われるカリフォルニアのミッション種のルーツも解明された。スペインのマドリード近郊原産のリスタン・プリエト種で、エジプトのマスカット・オブ・アレキサンドリアとも血縁関係があった。ミッション種にはペルー、チリ、メキシコ、アルゼンチンにも兄弟品種があり、いずれも一六世紀から一八世紀にかけてスペインの伝道師たちが持ち込んだものだった。

現在、グラハムはグルナッシュ種を栽培して、この芳醇な香りを持つブドウに耐病性をつけようとしている。新しいフレーバーを持つ品種をつくるためにグルナッシュ以外の栽培も計画している。クラウドファンディング・プラットフォーム「インディゴーゴー」で一七万五〇〇〇ドル近い資金を調達し、NPOとしてこのプロジェクトを進められるめどもついた。育種に関する情報はほかのワイン生産者と共有し、二〇二〇年には試作第一号が世に出る予定だという。だが、最終的な結果が出るのは数十年先で、「まだまだ資金不足」だとグラハムは言うが、個性的な新種を数種つくりだせれば、それだけでもすごいことだと私は言った。

「それはそうだが、目標は土地に合った優良品種を見つけることだけではない」とグラハムは答えた。たくさんの新品種のブレンドから成功作が生まれる可能性もある。二〇一八年初めまでに、グラハムはフルミント、ルケ、ロッセーゼ、ティモラッソ、チリエジョーロなど幅広い品種を栽培して、壮大な育種プロジェクトを進めるつもりだという。

稀少在来種を守るだけでは、ワインに対する認識を変えられない。それだけでは新しい味や多様性、土地の啓発利用を進める努力の一部にすぎないのだろう。ブルックリンで開かれた食糧会議で、グラハムは聴衆に向かってそれをこんな言葉で表現している。「なぜその土地のブドウで造ったワインに価値があると思いますか？　蝶や鳥やサンショウウオにさまざまな種類があり、新しい星や銀河の発見に価値があるのと同じ理由です。私たちの生活に豊かさと複雑さを加えてくれるからです」

私はグラハムにアメリカのワインが均質的な理由を訊いた。クラフトビールやクラフトウイスキー、個性派チョコレートや世界中の食べ物に関心が向けられているというのに、なぜワインだけが変わらないのだろう。この国のワイナリーは今後変わっていくのだろうか、と。私の問いに対して、グラハムは地元ワインをこよなく愛するヨーロッパの若い世代には勇気づけられると答えたが、アメリカに関してはコメントを控えた。

ワインの流行の変遷が知りたくなって、一九七二年にバークリーに最初の店を開いた伝説的なワイン輸入商で、『最高のワインを買い付ける』の著者であるカーミット・リンチに連絡を取った。リンチによると、フランスのほんの数種類の品種から造ったワインがもてはやされるようになったのは一九八〇年代初めのことで、アメリカで最も影響力を持つワイン評論家ロバート・パーカーによるところが大きいという。「みんなパーカーの格付けを持って買いに来た」とリンチは言った。「『ワイン・アドヴォケイト』が推奨するものは何でも欲しがった」

その結果、「地元品種の栽培をやめて、いわゆる高貴品種を植えるようになった」古代ワイン探訪の旅で私が何度も聞いたことが、カリフォルニアでもフランスの品種が栽培されていた。「だが、思ったようにいかなかった。栽培に不向きな土に植えたら、カベルネ・ソーヴィニヨンは高貴品種ではなくなる」それでも、ワインジャーナリストはフランスの最高の収穫年を喧伝し、評論家はトレンドを予想して、有名品種偏重を助長した。ワインの一〇〇点満点評価が一般的になったが、リンチに言わせれば意味がないという。「あんなワインの評価は――歴史上前例がない。ワインを知り尽くしている専門家なら何人も知っているが」ポイント評価は現実に即していないとリンチは暗に指摘した。

ベビーブーマー世代は特定のワインばかり飲むようになり、業界は一貫した風味を維持するためのツールを開発した。アメリカの多くのワイナリーが、飲みやすい人気ワインを模倣し、ファストフードのフライドポテトのように微調整を加えた。ワインの甘味や渋み、アルコール度を調整する方法もあった。

「今ではいろいろなものをワインに足したり引いたりできる」とリンチは言う。「ワイン生産者向けのカタログを送ってもらったが、ワインの風味を変えるための商品が山のように載っていた。特定の粉末を加えれば酸味を弱められる。これには驚いたよ。もちろん、フレーバーも変えられる。今やフレーバーは金で買えるものなんだ」リンチの言うとおりだ。シャルドネのバーゲン品を手に入れて、かすかにオークの香りがしたら、樽熟成させたと信じてはいけない。ステンレスタンクにオークチップを入れるワイナリーもあり、これは合法的行為なのだ。

ウェンデル・ベリーやジョン・マクフィーといった著作家も、リンチの古典的な著書の愛読者だ。ケンタッキーの詩人で、地元の持続可能な農業の促進者でもあるベリーは、リンチが発行している月刊パンフレットに寄稿している。「私のワインに対する関心が望ましい農業に対する関心と同じだということに気づくようになった」と書いたあと、『最高のワインを買い付ける』にも触れて、「土地や土壌や作業の質が最終生産物の質につながることに関心を向けた点で、何よりも農業に関する良書」と絶賛している。「小さなよいブドウ畑から生まれたワインを飲むのは……知り合いの肥沃な畑で採れた野菜や、知り合いの優秀な羊飼いが育てた仔羊を食べるようなものだ。味わう喜びは、実生活や農業・畜産から得られる喜びによって幾重にも広がる」

アメリカのワイン醸造を調べていて何より驚いたのは、ジョージアから八〇〇〇マイル以上離れたオレゴン州でアンフォラワインが造られていたことだ。ポートランド近郊の雨の多い山岳地帯で古代製法が受け継がれているとは夢にも思わなかった。取り組んでいるアンドリューとアンドリアのベッカム夫妻も、数年前までアンフォラ製法を知らなかったそうだ。二人は一九九八年にアンドリューが学生だったときにユタ州で出会い、その後オレゴン州に移ってきた。アンドリューは陶芸教室で教え、自宅に陶芸工房を構えられるように八エーカーの土地を購入した。

やがて、近隣の老人たちがワイン用ブドウを栽培しているのに気づいたアンドリューは、自分もブドウ畑を持ちたいと思った。アンドリアも賛成してくれたが、当時は陶芸教室の仕事と作陶に大半の時間を取られたうえ、子供たちもまだ小さかった。だが、現在は夫婦でワイナリー経営に励んでいる。夢想家の夫と現実主義者の妻は最強のコンビだ。経理を担当するアンドリアは、地元のワイン生産者組合の理事も務めている。収穫期になると、アンドリューは午前四時からブドウ畑で働いたあと陶芸教室で働き、帰宅してからまた夜中までワイナリーで働く。

当初は山腹のブドウ畑で主にピノ・ノワールを植え、スイスのヴェーデンスヴィルとドイツのリースリングも少し栽培していた。最初の収穫年は二〇〇九年だったが、特に新しい試みはしなかった。当時もオレゴン州には若いワイン醸造家がいくらでもいた。転機となったのは二〇一三年、アンドリアが見せてくれたエリザベッタ・フォラドーリの新聞記事だった。私がイタリアで会う予定にしていたアンフォラワインの醸造家である。

「大きな素焼きの甕《かめ》でワインを造っている写真を見て興味を引かれた。似たような甕ならつくれそうな気がして、アンフォラづくりを始めたが」と、アンドリューは電話取材で話してくれた。「これがなかなかの難題で。教えてくれる人は誰もいないから、試行錯誤でやるしかなかった。焼成温度を変えたり、いろんな粘土を試したりしながら、ガス交換が可能な多孔質で、かつ、ワインが漏れることなく、衛生面や容積減少の問題のない甕をつくろうと努力した」大きなアンフォラは焼成に二日以上かかり、完全に乾かすのに三ヵ月かかる。焼成したあとの甕にはどこにも傷がなく、一定の強度がなければならない。これほど面倒な作業であるにもかかわらず、古代世界で大量にアンフォラがつくられていたことにアンドリューは驚嘆している。

ワイナリーを始めた頃はステンレスタンクとオーク樽で発酵熟成させていたが、二〇一三年頃から、実験的手法を採り入れるようになった。現在は、ステンレスタンクで発酵させアンフォラで熟成させたワイン、伝統的な樽熟成のワイン、発酵も熟成もアンフォラのワイン、発酵も熟成もステンレスタンクのワインと、いろいろな製法を試みている。「四種類のワイン醸造が同じブドウをどう変えるか確かめてみたかった。実際に飲んでみると、その違いは信じられないほどだった」とアンドリューは言う。

ブドウは数千年前には当たり前のことだった有機栽培で、発酵には地元の野生酵母を使い、濾過といった手を加えずにワインを瓶詰めしている。アンドリューは四種類の醸造法に関するデータを分析しているが、「アンフォラ熟成のワインは樽熟成より進化が速く、格調高いワインになる。アンフォラワインにはエネルギーが満ちあふれ、細かい土の質感《テクスチャー》とくっきりした透明感がある」という。私もジョージアワインに同じ感想を抱いた。アンフォラは粘土や鉄のかすかな香りをワインに与えるだけでなく、果物やスパイスのアロマを微妙な形で醸し出す。アンフォラの中で清澄化と精錬が進むからだろうとアンドリューは推測している。

二〇一四年に製造したアンフォラワインはわずか三〇〇〇本だったが、反響は大きかった。アンフォラ製法が評論家に評価されたのだろう。『フォーブス』誌はオンラインで取り上げ、『フード&ワイン』や『ワイン・エンスージアスト』も紹介記事を掲載した。オレゴン州のあるワイン評論家は、ようやくアメリカも伝統製法を獲得し、「スローフード」のワイン版の誕生であると賞賛した。アンドリューは一時期アンフォラを貸し出していたが、ワインが人気を博してからは、アンフォラを譲ってほしいという依頼が増えたそうだ。

アメリカで初めてコーカサス風素焼きの甕をつくるのに成功したあと、アンドリューはさらに大きな三〇〇ガロン入りのアンフォラの製作も始めた。ひとつに一五〇〇ポンド必要となる粘土は、主としてカリフォルニア州のサクラメント・デルタの粘土を使用している。「使い物になるアンフォラをつくるには、さまざまな条件を満たさなければならない」と彼は言う。焼成温度からアンフォラの内側に塗る蜜蠟《みつろう》に至るまで、すべての段階で細心の注意を払う必要がある。彼の陶芸家としての手腕――そして、窯のおかげで、一度使用したあとアンフォラの内側を高温で焼けば殺菌できることもわかった。

ガザ地区近郊では古代のアンフォラの破片が大量に発掘されていると私が言うと、大昔からアンフォラづくりの技術があった証拠だとアンドリューは応じた。「焼き物のノウハウや職人の技術は今とそれほど変わっていないのかもしれない。大昔の器のかけらが残っていても不思議でもなんでもない」

丹念に育てたブドウから造ったベッカム夫妻のアンフォラワインには全米から注目が集まっている。ワイン業界の反響はうれしいが、自分たちの目標はあくまで広く受け入れてもらえるアンフォラワインを造ることだとアンドリューは言う。「粘土の甕で造ったワインは素朴なものが多いから、良さをわかってもらうには時間がかかる。醸造家が趣味で造ったワインと思われがちだが、僕たちの目標は気軽に飲める上質のワインを造ることで、一口味わって話のタネにするようなワインじゃない。封印して一年後に開けて、いいワインだと言われるものを造りたいとは思わない」アンドリューはアンフォラワイン醸造家が自分と同じ考え方をすることを期待している。

ベッカム夫妻が造るアンフォラワインには、アンドリューの言葉を借りるなら、「『ピノ・グリのはずがない』から、『こんなおいしいピノ・グリは初めて』まで」、さまざまな反響がある。ベッカム夫妻も、ランドール・グラハムがカリフォルニアワインに感じていたのと同じ思いを抱いていた。「オレゴンで出来の悪いワインを見つけるのは難しいが、問題はどれも似ていることだ。僕に言わせれば、このあたり［の渓谷］で造っているピノ・グリはつまらない。暖かい日に飲むにはいいが、これといった特徴がない」そして、それは赤ワインにも言えることだという。「どれもいいワインだが、似たりよったりだ」

アンドリューは国ごとに違うワイン醸造容器の形を研究しているという。やる気満々のようだが、今後の方向性がはっきり見えているわけではなさそうだった。アンフォラ熟成を中心にして伝統的な品種を栽培し続けるのだろうか？　それとも、サヴァニャンのような新しい品種に取り組むのだろうか？　また改めて連絡をとろうと思ったが、それほど大きな展開があるとは予想していなかった。

再びアンドリューに電話したのは、最初の取材から一年ほど経ってからだった。アンフォラが欲しいという注文が殺到するようになって、ついに広いアンフォラ製造場をつくったという。「大容量のアンフォラをつくる器材も手に入れた。今年は製作に参加したいという人が何人もいる」

このオレゴンの陶芸家はアンフォラ工場を経営するつもりなのだろうか？　果たしてビジネスとしてやっていけるのか？　ベッカム夫妻がアメリカ初のアンフォラメーカーとして成功できるか他の醸造家たちは注視している。現在は五〇〇リットルと一〇〇〇リットルのアンフォラを製作しているが、近い将来、二〇〇〇リットル用も売り出す予定だ。ワイナリーではアンフォラ熟成ワインに軸足を移しつつあり、顧客の反応は上々だということだった。

今年のアンフォラワインの中には、小売価格が四五ドルもするのに、六週間で半分以上売れたものもあったとアンドリューは言った。

古代のアンフォラ製法がアメリカで普及しつつあると思うと感慨深いものがあった。「今すぐとは言わないが」私は恐る恐る切り出した。「古代ワインを復活させることに興味はないだろうか？」私は古代ワインを追い求めてクレミザン、エルサレム、コーカサスを回ったこと、パトリック・マクガヴァンがドッグフィッシュ・ヘッド・ブルワリーの協力を得て古代ビールを復活させたことを説明した。古代人が飲んでいたワインを造るにはアンフォラが不可欠だが、色よい返事が聞けるとは期待していなかった。アンドリューは陶芸教師でありワイナリー経営者であり、しかも、アンフォラ工場まで始めたのだ。電話の向こうで短い沈黙があった。

「大いに興味がある」という返答を聞いて、私は椅子から跳び上がりそうになった。私たちはさまざまな可能性を検討して、今後も連絡を取り合う約束をした。

オレゴンはカリフォルニアやニューヨークほどの潤沢な資金に恵まれてはいないが、ワインイノベーションの震源地と言えそうだ。カールトンにあるミニマス・ワインズの経営者チャド・ストックは、毎年、異なるブドウ品種と異なる酵母を使って、異なる発酵・熟成法でワインを造っている。たとえば、二〇一五年物のSM3を彼はこう説明する。「SM3は常にステラ・マリス・ヴィンヤードのシラー種だけで造っている。発酵は一〇〇パーセント全房のまま一ヵ月間浸漬《マセラシオン》させる。その間、毎日足で踏んで、果柄をそっとはずす。その三三パーセントはフランス製の新品のオーク樽、六七パーセントは中古のオーク樽に一〇ヵ月寝かせて熟成させ、亜硫酸塩を一切加えず、清澄も濾過もせず瓶詰めしている」

要するに、ミニマスではもっぱら自然の流れに任せているわけだ。清澄とはさまざまな物質（魚の浮袋のエキス、海藻、卵白、粘土など）を使って、瓶詰め前にワインから浮遊粒子を除去して透明度を上げる一般的な醸造工程で、濾過も目的は同じだ。

ワイルド・ワインズのカーラ・デイヴィッドには、長年謎だった歴史的著述の理解を助けてもらった。古代ローマの博物学者、大プリニウスは、二〇〇〇年前のワインを紹介しているが、私にはどんな味なのか想像できなかった。

ワインはシリアのイナゴマメの鞘、梨、あらゆる種類のリンゴから造られる。「ローイテス」は柘榴から造るが、そのほかにもヤマボウシ、メドウ（西洋カリン）、ソーブアップル、乾燥させた桑の実、松の実からさまざまなワインができる。松の実はブドウ果汁に浸してから圧搾するが、ほかのものは放っておいても甘い酒になる。［中略］園芸植物でワインが造れるのは以下のとおり。ラディッシュ、アスパラガス、クニラ、オレガノ、パセリシード、アブロトナム、ワイルドミント、ルー、キャットミント、ワイルドタイム、ニガハッカ。これらの材料を一握り分、二度、果汁を入れた壺に入れ、そこに一セクスタリウス（約〇・五リットル）のサパ（濃縮ワイン果汁）と半セクスタリウスの海水を加え［中略］花では、バラがワインになる。

以上は大プリニウスが挙げた奇妙なワインリストのごく一部である。「発酵させたら飲めるだろう」という類いのものだったらしいが、どんな味だろう？　まさか実際に味わえるとは思っていなかった。カーラ・デイヴィッドのワイナリー「ワイルド・ワインズ」は、オレゴン州のカリフォルニア州境の少し北、ジャクソンビルの近くにある。二〇〇七年に自宅のガレージで野生の花や果物からワインを造り始め、その後、農務省の助成金を受けて、今では年間三〇〇〇本以上のワインを製造している。彼女が造るワインはタンポポ、桃、生姜、リンデンフラワー、エルダーフラワー、ラズベリー、ブラックベリー、エルダーベリー、ローズヒップと多彩だ。私は数種類試してみたが、甘ったるい混合飲料を半ば予想していた。

エルダーフラワーのワインは、花粉にまみれた蜜蜂を連想させた。すっきりと爽やかで、これまで飲んだどのワインよりフローラルな香りがした。これはワインなのか？　厳密に言えばそうとは言えないだろう。水に酵母を加え、そこに花あるいはベリー類を入れ、砂糖を加えて造るというのだから。だが、ひとつ不思議なことがある。ブラインドテストをしたら、彼女のワインをブドウから造ったと信じる人が必ずいるはずだ。ワインに対する私の認識がまた揺らいできた。

Tasting

以下、アメリカのユニークなワイナリーをいくつか挙げたが、無名の品種や在来種とフランスの品種との交配種を使って実験的醸造をしているワイナリーはほかにもたくさんある。オレゴンワインの多様性を知りたければ、キャサリン・コールの著書『ブードゥー・ヴィントナーズ』を読んでみるといい。

◆ベッカム・エステート・ヴィンヤード、オレゴン州シャーウッド
Beckhamestatevineyard.com
ベッカムはアンフォラ発酵と、アンフォラおよびオーク樽での熟成を組み合わせており、ワイナリーには広い陶芸工房もある。ここに挙げたワインのほか、過去には素晴らしいアンフォラ・マルベックを造っていた。将来、製造を再開する可能性もあるから、目を離さないでおこう。
・A・D・ベッカム・アンフォラ・ピノ・ノワール「リグナム」
・A・D・ベッカム・グルナッシュ（赤）
・A・D・ベッカム・ピノ・グリ
・ヴェルメンティーノ（白）

◆ミニマス・ワインズ、オレゴン州カールトン
www.minimuswines.com

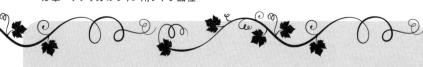

・ロックウェル（赤と白ワインのブレンド）
・SM2（ヴィオニエとソーヴィニヨン・ブラン種のブレンド）

◆ワイルド・ワインズ、オレゴン州アップルゲート・バレー
www.enjoywildwines.com
カーラ・デイヴィッドのワインのうち特に推奨したいのは、アロニアベリー、リンデンフラワー、エルダーフラワー、ローズヒップ、タンポポなど。

◆リンカーン・ピーク・ヴィンヤード、バーモント州ニューヘイブン
lincolnpeakvineyard.com/wines
このワイナリーでは、ディアドラ・ヒーキンに触発されてアメリカとヨーロッパの新しい品種を実験的に使っている。紹介しきれないほど数々の新しい取り組みを行なっており、現在はプティット・パールという新種のほか、地元品種のマルケット、ルイーズ・スウェンソン、ラ・クレセント、プレーリー・スター、アダルミナも使っている。

◆ラ・ガラギスタ、バーモント州バーナード
www.lagaragista.com
このワイナリーのワインはすぐ売り切れてしまうが、確実に味わえる方法がある。ディ

アドラ・ヒーキンと夫のケイレブ・バーバーは、二〇一七年初めにワイナリーに田舎風のワインバーと小さな食堂《タベルネッタ》を開いた。そこを訪れて、ダム・ジャンヌ、ハーロット&ラフィアン、ルー・ガルー、グレース&フェイバーといったワインを試してみるといい。ほかにも近くの農家がつくっている生ハム、果物や野菜があるかもしれない。

◆ポップローシューム、カリフォルニア州サン・ファン・バウティスタ
www.facebook.com/Popelouchum
ランドール・グラハムは二〇一八年もしくは二〇一九年に実験的に生産したワインの一部を売り出す予定だ。ワイナリーのフェイスブックを定期的にチェックして最新情報を入手してほしい。

◆チャニング・ドーターズ、ニューヨーク州ブリッジハンプトン
www.channingdaughters.com
このロングアイランドのワイナリーでは、ジョージア製法でさまざまな「オレンジ」ワインを造っており、古代品種リボッラ・ジャッラを使ったものもある。

◆ドクター・コンスタンティン・フランク・ワインセラーズ
ニューヨーク州フィンガーレイクス、ハモンズポート

www.drfrankwines.com

ウクライナ移民のコンスタンティン・フランク（一八九九―一九八五）が、五〇年以上前にアメリカで初めてジョージアのルカツィテリ種を使ってワイン造りを始めたワイナリーで、二〇ドル以下の気軽に飲めるワインを提供している。家族経営で、現在は彼の子孫が経営している。サペラヴィの赤もある。

ルカツィテリ（白）

16章 ワイン科学の暗黒面

ワインの中には
万巻の書より多くの哲学がある。
――ルイ・パスツール

古代ワイン探求の旅で私が出会った科学者は、いずれも着想の豊かなエネルギッシュな方々で、古いワインにも新しいワインにも真剣に向き合っていた。マクガヴァン、ヴィアモーズをはじめ多くの科学者がハイテクを駆使して過去を解明し、稀少品種を守り、ワイン造りの伝統を微調整しようとしていた。しかし、科学は時として伝統を解体する鉄球となることも忘れてはならない。いったん研究室から出ると、事態は目論見どおり進むとはかぎらない。アインシュタインは宇宙に関する理解を転換したが、それによって原子爆弾の理論的基礎を築いた。国防高等研究計画局は、インターネットのプロトタイプをつくり、その結果、グーグル、フェイスブック、ツイッターなどが創設されたが、今や多くの人の生活がこうしたサービスに支配されているように思える。

アヴァ・ワイナリーを例にとってみよう。それぞれバイオテクノロジーと分子生物学を専攻した二人の同窓生がサンフランシスコに設立したアヴァの目標は、ブドウを使わない合成ワインの製造である。約八五パーセントが水、一三パーセントがエタノール、二パーセントがフレーバーやアロマをつけるための化合物だ。私が過去にインスピレーションを求めたのに対して、アヴァは未来に目を向けている。「人類が五〇〇〇年間どうやって食物をつくってきたか考えてみてほしい。食物は衣服と同じようにデザインし、現在紙にプリントしているのと同じくらい簡単にプリントできるようになると我々は信じている」とアヴァは経営理念の中で宣言している。「総合制御による食物の創造という未来は、食物をプリントするのに使う『インク』の理解なしには実現しない。食物の分子の再構築を追求するアヴァの取り組みは、フードテック革命の限界に挑む一助となるだろう」

私はこのセールストークから『スター・トレック』に出てくるボタンを押せば食べ物が調合される装置を連想して、食欲がなくなった。だが、二人がアヴァを立ち上げた理由には納得がいく。きっかけは一九七三年物のシャトー・モンテレーナ・シャルドネだった。一九七六年にパリで開かれた試飲会――カリフォルニアのワイン生産者には「伝説の」、フランスのワイン生産者にとっては「悪名高い」いわゆる「パリスの審判」で、カリフォルニアワインと旧世界のワインが対決した際、大方の予想を裏切って優勝したカリフォルニアワインである（スミソニアン博物館にはそのモンテレーナの瓶が展示されている）。一本一万ドル以上すると知って、「とても手が出ないが、分子単位で再現したらどうだろう」と思いついたという。「もちろん、味は同じはずだ。レプリカでは一万ドルのワインほど自尊心を満足させないだろうが、味覚は満足させるにちがいない」

だが、熱狂的ワイン愛好者に受けるのではないかという目論見ははずれ、アヴァはワイン業界に旋風を巻き起こすことはできなかった。試作第一号をジャーナリストに提供したのが間違いだったようだ。『ニュー・サイエンティスト』誌は、イタリアの香り高いルフィーノを引き合いに出して「まず匂いで合成品とわかる」と書いた。「プールで使うサメの浮き輪のにおい」と表現した人もいたが、私は必ずしも合成ワインに反対ではない。「匂いにくらべると味はいい」という評価もあった。梨や桃、そして、かすかに花の風味がすると書いたあと、「ワイナリー」は調合法を調節中と紹介している。

合成ワインは次世代で受け入れられる可能性がある。二〇一六年末にＢＢＣのネットメディアＢＢＣトラベルが、スペインのジック・ブルーを特集した。赤ワインと白ワイン用ブドウに色素を加えて、「目が覚めるような青い甘口ワインを造り、一部の反感と一部の共感を得た」ジックの創設者のひとり、アリツ・ロペスは「楽しみのために」ジック・ブルーを造ったと言う。「現状に揺さぶりをかけて反応を見てみたかった……ワイン産業は最初のターゲットにうってつけだった」と語っている。

ワインに限らず食の世界では、こうした度肝を抜くような創作がトレンドらしい。ジックが青いワインを世に送り出したのと同じ頃、『ニューヨーク・タイムズ』の料理評論家ダニエル・デュエインがこんなことを書いている。「二〇世紀後半に、因習に囚われない生き方を求めてベイエリアに移ってきたベビーブーマー世代は、雨の少ない海岸沿いの丘陵地をプロヴァンスに見立てようとした。ジェレミア・タワーや、バークレーの伝説のレストラン「シェ・パニーズ」のアリス・ウォータースのようなフランスびいきのシェフの指示に従って懸命に努力した［中略］だが、今や北カリフォルニアは、金をたんまり持っていて問題解決に生きがいを感じるハイテクバブル世代に乗っ取られた」

私がとまどった新製品の広告はまだある。二〇一六年にヴィノームという会社が投資を呼び込むためにこんな広告を出した。「あなただけのワインがDNAに基づいて科学的に選べるとしたら？」私は手間暇かけて世に知られていないワインを探したり有名ワインを手に入れたりしてきたが、この会社にDNAサンプルを送っただけで最高の幸せをグラスの中に見つけられるというのだ。「数百件に及ぶ科学的研究を精査して、味覚と嗅覚に関連すると突き止められた遺伝的差異を分離した」とヴィノームは主張している。そのうえで、数百人にワインを試飲して評価してもらうと同時に彼らのDNAのキー遺伝子マーカーを調べたそうだ。

「調査して楽しみましょう！　当てずっぽうはやめ。ためらわないで。あなたにぴったり合ったワインを見つけましょう」と宣伝文句は続く。唖然としたが、その一方で好奇心をそそられた。それで、「甘口でフルーティーなワインとオークや土の香りのするワインでは、どちらが好きですか？」といったいくつかの簡単な質問に答えた。最後に利用規約に同意を求められた。利用規約にはこうある。「DNAサンプルをヴィノームに提出することによって、あなたの匿名化されたDNAを使って我々が妥当と認める範囲内および形式もしくはコンテクストで、メディアあるいは現在知られているか今後開発・発見されるテクノロジーもしくはデヴァイスを所有する機関を通して、匿名の結果分析を使用、提供、再許諾、配付する永続的で譲渡可能な使用料免除のライセンスをヴィノームに許諾するものとする」

突然、クレミザンワインを追い求めてジョージアの山奥まで出かけた日々が、上質ワインの代価として決して高くないと思えた。少なくとも、わけのわからない会社にDNAを送るよりずっとましだ。ヴィノームという会社を調べてみると、グローバルな集団ゲノミクス会社、ヘリックスと提携していた。ヘリックスはヴィノームに関するプレスリリースで、『ナショナル・ジオグラフィック』誌ならびにニューヨークのマウントサイナイ病院と新たに提携したと発表している。さらに、「DNAと味覚の科学を活用して、消費者一人ひとりにふさわしい個別化した美食体験および製品を見つける」アプリケーションを開発中だという。

医療と健康問題に特化した通信社STATが、ノース・カロライナ大学の遺伝学教授ジム・エヴァンスにヴィノームをどう評価するか訊いている。「ばかばかしいとしか言いようがない」とエヴァンス教授は言う。「彼らのモットーである『少しの科学とたくさんの楽しみ』は、正確には『ゼロの科学とたくさんの楽しみ』だ。DNAを調べて相性抜群の伴侶を探そうとするようなものだろう。味覚の遺伝学に関しては、多少なりとも正確な判定が可能なほど多くのことはまだ判明していない」それでも、ヴィノームではDNAによるワイン選びだけでなく、一本六五ドルでワインを売り出す計画を進めているそうだ。それだけ出せば、ちゃんとした店なら最高級のワインがいくらでも買える。

だが、一歩退いて眺めてみると、ヴィノームやアヴァには考えさせられるところもある。ワイン愛好家は自分が好きなワインを決めるのにDNA鑑定と称するものの助けを借りるところまできてしまったのだろうか。だが、こうした状況は今に始まったことではないらしい。愛飲家は昔から奇妙な混合物を飲まされるのではないかと警戒していた。ハーバード大学の科学史教授、スティーヴン・シェイピンによると、一七七一年に出版された小説『*The Expedition of Humphry Clinker*（ハンフリー・クリンカーの調査旅行）』の中で、登場人物がワインの品質を嘆く場面があるという。「我々［イギリス人］の間でワインとされているものはブドウ果汁ではない。不純な混合物で、腕の悪い毒づくりの職人が吐き気を催すような材料を使って醸造している」

　合成ワインに代表される新しい製品が今後受け入れられるかどうかわからないが、こうした製品に対応するために政府は最新科学技術を駆使している。アメリカ財務省はメリーランド州ベルツビルに飲料・アルコール研究所を開設して、各種の検査を実施している。製品に汚染物質や不純物、無許可添加物が含まれていないか調べるだけでなく、不当表示や不正調査、密輸品や偽造品の審査、外国ワインの輸入前検査も行なっている。酒税はアメリカ建国当時から課されており（アメリカ独立戦争で生じた債務の返済に充てられた）、現在、財務省は液体クロマトグラフィー、質量分析などのツールを使って飲料の成分を分析している。研究所のスペックシートでは、エタノールは基本的な化学式C_2H_6O、モル質量４６．０６８４となっている。これは炭素（１２・０１０７）や硫黄（３２・０６５）より大きいが、銅（６３・５４６）やウラン（２３８・０２８９）より小さい。

　ワイン業界の将来に希望がないわけではない。誠実に造られた個性的なワインもちゃんと居場所を見つけている。カーミット・リンチは四〇年以上にわたって小規模ワイナリーのワインを買い付けてきたが、着実に売り上げを伸ばしている。彼によると、個性の際立ったワインだけでなく、気軽に楽しめるワインもある、そういうワインの楽しみ方があってもいいという。「私はその点は達観している。音楽にたとえるならポップミュージックのようなものだ。一般受けするポップワインもあってもいいと思う。実際、そういうワインを造っているワイナリーもある。だが、その一方で、クラシック音楽の作曲家も健在だ」

私は伝統的製法をこよなく愛しているが、現在、ワイナリーが技術変革を余儀なくされているのは間違いない。古代ワイン探求の旅を始めた頃、気候変動はまだ大きな問題になっていなかったが、今では避けて通ることはできない。ホセ・ヴィアモーズも、地元ブドウ品種の栽培促進を奨励しつつ、一部でタブー視されているこの問題を取り上げている。「地球温暖化、つまり気候変動は現実問題だ。その原因を論じるつもりはないが、事実であることに変わりはない」と彼は言っていた。「今後、さまざまな経済分野で対処していかなければならず、ワイン業界もその例外ではない。二〇一四年に、マスター・オブ・ワインのシンポジウムで、僕がこの問題に触れると、たくさんの人が近づいてきて『あなたは勇気がある。誰も敢えて触れようとしないのに』と言った。そのとき、ロマネ・コンティの偽ボトルを見せた。ジョークのつもりだった。うまくできていたし、最高級のワインだからね。フォトショップで加工して作った二二一四年というラベルをつけてあった。それを見せながら、聴衆に問いかけたんだ。二〇〇年後、この中にまだピノ・ノワールが入っていると思いますか、それとも、中身は別でしょうか。地球温暖化に立ち向かう解決策はなんでしょうか、と」

ヴィアモーズによると、ブルゴーニュのピノ・ノワールの収穫量はすでに温暖化の影響を受けて減少しつつあるという。だが、未来の世代がピノ・ノワール以外の品種を植えたら、ロマネ・コンティの伝説の経営者たちは草葉の陰で嘆くだろう。ワシントンに桜の木の代わりにナツメヤシを植えるようなものだ。

「ピノ・ノワールの栽培を続けたいなら、そのための調整が必要だが、ある時点で手を加えなければならない」とヴィアモーズは言う。たとえば、暑さに耐性をつけるために古代品種から暑さに強い遺伝子を加えるといったことだ。

カリフォルニアでは、ランドール・グラハムが温暖化した世界でも耐え抜ける風味豊かな品種の開発をめざしている。カリフォルニアの醸造家たちは気候変動の脅威を感じているのだろうかと私はグラハムに訊いた。「醸造家よりむしろ消費者やワインライターのほうがこうした問題に関心が高い。生産者はそれほど深刻に考えていないと思う」と彼は言った。「生産者はブドウの未来以外に考えなければならないことがたくさんある。売上高、銀行や卸売業者との関係といったことが。この国では長期的視点で考えることはできないんだ」

たしかに、気候変動や農薬のことなど考えないで、いいワインを愉しんだほうが気は楽だろう。だが、ブドウ畑が環境に与える影響を忘れないでほしい。私たちがどんなワインを選ぶかによっても環境被害は軽減できるのである。

17章 グレイプショナリー

［それは］まるで味わったこともない風味と香りの
素晴らしいワインの並ぶワインセラーを見つけたようだった。
私は陶然として……。
――J・R・R・トールキンがW・H・オーデンに宛てた手紙より、
一九五五年

ワイナリーを訪ねたり、醸造家から話を聞いたりすれば、まず間違いなく珍しいワインに巡り合える。だが、醸造家の力だけでアメリカのワイン文化を変えることはできるだろうか？　おそらく、そうではないだろう。そこでジェイソン・テザウロのような人物の出番となる。彼は現在作家として活躍しているが、バージニア州のワイナリー、バーバーズビル・ヴィンヤーズで長年ソムリエとして働いた経験がある。ワシントンDCから車で一時間ほどのところにあるこのワイナリーは、フランスの有名品種を使った上質のワインで知られているが、ほかにもネッビオーロ、ヴィオニエ、ヴェルメンティーノ、カベルネ・フラン、マルヴァジーア（レオナルド・ダ・ヴィンチのブドウ畑に植えられていた品種）も栽培している。

テザウロは「グレイプショナリーA－Z」というイベントを企画して、一度のテイスティングで二六種類のめったに飲めない珍しいワインを味わう機会をアメリカのワイン愛好家に提供している。テザウロも私のようにふとしたきっかけで稀少品種に惚れ込んだ。彼の場合はモルドバのワインで、なぜこんなワインが話題にならないのだろうと不思議に思ったという。「僕は思い立ったらすぐナパに行ったりボルドーに行ったりするタイプじゃない。どちらかというと、じっくり考えてから行動する。だが、そのときは違った。モルドバでは数百年前からブドウを栽培しているのに、なぜこのワインを飲んだことがなかったんだろうと思うと、矢も盾もたまらず飛行機に乗った」

このモルドバ紀行で彼はジャーナリズム賞を獲得している。一九九〇年代にワインに関心を持ち始めた頃、テザウロはやはり私と同じように、六種か七種の有名品種ばかりがもてはやされることに疑問を抱いていた。当時、クラシックワイン以外は珍しいワインだった。だが、モルドバに行ってワイン観が一変した。「飲めば飲むほど、［モルドバワインが］頭から離れなくなった。なぜ消えたのかと思うと、長年にわたるロシアの支配という地政的問題にたどりついた。こうしてどんどんのめり込んでいった。単なるアルコール摂取やフレーバーがどうのという問題じゃない。僕にとってワインは別の時代、別の文化、別の場所に連れていってくれるパスポートだった。とりわけ土着の固有種が何よりもその土地を語ってくれる。『フランス製の新しい小樽《バリック》で熟成させている』とか『ミクロ・オキシジェナシオン手法で酸化熟成を促進している』といった醸造家の自慢ではなく、『誰がここで昔から栽培されてきた品種を守ってきたか』を教えてくれるからだ」

さらにテザウロは「ワインのいいところは平等主義的なところにもある」と言う。「『あの有名なシャトーに行ってきた』とか『プルミエ・クリュは全部飲んだ』と、そんな経験のない人を見下すようなことを言うのはよくない。それよりも、地図に載っていないような土地を訪ねて、純粋に好奇心から、よく知っている人に『僕の知らないことを教えてほしい。知ったかぶりはしたくない』という謙虚な姿勢が大切だと思う」

二〇一五年の末にテザウロはグレイプショナリーのイベントを企画して、アトランタ・フード&ワイン・フェスティバルに持ち込んだ。最初は「気は確かか？」と言われたそうだ。だが、主催者側は気に入ってくれた。最大の難関は、アルファベットのAからZまで二六文字で始まる名前のワインを揃えられるか、そして、集客できるかどうか。二六種類のワインはレバノン、トルコ、ジョージア、オーストリアをはじめ世界中から、一種類一〇本ずつ調達することができた。あとはこの特別料理付きのユニークな体験に二七五ドル支払ってくれる客を集められるかだ。だが、蓋を開けてみると、大きな反響があった。『フォーブス』誌は「これまで体験したことのないユニークなワインイベント」と評した。ワイン界の著名人の注目も集め、ランドール・グラハム、ジャンシス・ロビンソン、ホセ・ヴィアモーズらが称賛してくれた。

グレイプショナリーはワシントンDCでも開催され、そのときはミシュランの星を獲得したシェフ、ニコラス・ステファネッリが料理を担当した。その後、バージニア州の富豪が主催したプライベートチャリティーでもグレイプショナリーが開かれている。『ワシントン・ポスト』紙は、「Aのアリアニコから Zのジビッボまで、アルファベット順にワインを注ぐ」という見出しをつけ、評論家は「私のような食傷気味のワイン愛好家ですら、何度も驚かされた」と書いた。テザウロによれば、参加者は外国語のワイン名を発音しようとして苦笑するといったふうに童心に返ってはしゃいでいたという。「上質のワインばかり揃えた。だが、ブルーベリー味だろうがストロベリー味だろうが、そんなことはどうだっていい。飲んで感動してもらえれば、それでいい。たとえば、ギリシアを旅したときのことを思い出してもらえれば。僕の役目は、リンゴの種を植えて回ったジョニー・アップルシードならぬジョニー・グレープシードだよ。うれしいことに、あのイベントのあとトルコではヤプンジャックの栽培量が増えたそうだ」

無名だった品種にも変化が表われつつある。ヤプンジャックを例に挙げてみよう。トルコ東部のブドウ畑は、ノアの箱舟が止まったとされている場所で、マクガヴァンやヴィアモーズをはじめ多くの科学者はその一帯がワイン醸造発祥の地である可能性が高いとしている。「グレイプショナリーで取り上げるまで、僕もヤプンジャックのことは知らなかった」とテザウロは言う。「だが、今ではリッチモンドの最高級のバーで提供されている。女性経営者に売り込んだのは僕だ。『あなたのような毛色の変わったものの価値がわかる人でも、このワインには度肝を抜かれるだろう』と言って。今では中部太平洋岸で売れるようになった」ソムリエやレストランのオーナーの間に口コミで広がったのだという。「僕たちはつい知っているものに手が伸びる。だからこそ、新しいものを味わうチャンスを提供することが大切なんだ。新しいといっても、昔からある土の香りのするようなワイン、本当のストーリー、本物のテロワール、本物のフレーバーのあるものを。飲んだ人はそこに真実を見出して心を揺さぶられる」

テザウロの話を聞いているうちに、八年前に私がクレミザンワインやジャンダリーといった品種を口にするたびに不思議そうな顔をされたことを思い出した。今では全米でさまざまな風味豊かなワインが手に入る。わざわざコーカサス山脈まで赴く必要はなくなった。そして、同じことが食べ物にも言える。

一九八〇年代の初めに私はニューヨーク州南東のキャッツキル山地によくフライフィッシングに出かけた。ある日、ボイスビルという田舎町の近くで、道路際に掘っ立て小屋のようなパン屋を見つけた。そこのパンが実に素晴らしかった。外はぱりっとして中は軟らかい大きな丸パン、レーズンとクルミがたっぷり入ったパンなど特製パンがいくつも並んでいた。このブレッド・アローン・ベーカリーは、今では州内に四店舗を構え、創設者のダニエル・リーダーとシャロン・バーンズ・リーダー夫妻の息子も経営に加わっている。

もうひとつ例を挙げよう。一九八〇年末に私はゴートチーズをつくっているハドソンバレーの酪農場で働いたことがある。搾乳シフトは朝の四時と五時に始まった。基本的なチーズづくりができるようになると、日曜日の朝、チーズ製造場で働いた。このコーチ・ファームは二〇一七年現在、どんどん売上を伸ばしている。現在のワインは二〇年前のローカルフードだ。これからどんどん変わっていくだろう。

Tasting

ジェイソン・テザウロがグレイプショナリーで参加者を驚かせたワイン（およびブドウ品種）をいくつか紹介しておこう。

・アギオルギティコ、アイヴァリス・ワイナリー、ギリシア
・エミア、トゥラサン・ワイナリー、トルコ
・ヤプンジャク、パサエリ・ワイナリー、トルコ
・キシィ、シュフマン・ワインズ、ジョージア
・オバイデ、シャトー・ミュザール、レバノン
・ウチェルート、エミリオ・ブルフォン、イタリア
・ブラウフレンキッシュ、ヴァイングート・グラツァー、オーストリア
・ツヴァイゲルト、ヴァイングート・マルクス・フーバー、オーストリア
・プティ・マンサン、マイケル・シャップス・ワインワークス、アメリカ

18章 最古のブドウ、いにしえの味

町で道に迷ってワインハウスの扉が見つけられない。
どうか私を助けて、愛が宿るところを見つけられるように。
――ハーフィズの詩「ワインの川」より、一三五〇年頃

ホテルの部屋でクレミザンワインを味わってから九年が過ぎた。一月半ば、私はハーバード大学でワインとは関係のないテーマで講演するためにマサチューセッツ州に赴いた。あの霧雨の降る寒い日、私はブドウの起源も、世に知られていないおいしいワインのことも考えていなかった。夕食は友人たちと中近東料理を出すオレアナでとった。ジェームズ・ビアード賞をはじめ数々の賞に輝くシェフのアナ・ソータンが経営するこのレストランでは、繊細でいて驚くほど風味豊かな料理を提供している。

ワインリストにギリシアのアルギロス・アシルティコを見つけたので推奨したものの、内心、少し不安だった。もっと無難な選択もあったのに、このあまり知られていないワインに友人たちはどんな反応を示すだろう。結果は上々で、きりりと爽やかな白ワインをみんな気に入ってくれたし、

ラムとブドウの葉のタルトやセロリの根のダンプリングといった料理との相性も申し分なかった。ワインリストにはうれしくなるほど色々なワインが載っていた。イタリアの白ワイン、ヴェルメンティーノ、コルテーゼ、ハンガリーのフルミント、赤ワインはポルトガルのトウリガ、ギリシアのレフォスコ・マヴロダフネ、ペリコン、ラボッソのブレンド、イタリアのフレイザ等々。

その翌日、飛行機の時間までに少しあったので、ハーバード大学のサックラー博物館をのぞくことにしたが、あらかじめ展示物は調べておかなかった。最高級の所蔵品を有する小さな博物館だから、一、二時間楽しく過ごすにはうってつけだ。ふらりと入った展示室には、古代ギリシアとローマの素晴らしい彩色酒器が並んでいた。紀元前五〇〇年頃のクラテールと呼ばれるワインの大甕には、顎鬚をたくわえた男たちがアンフォラを運んだり楽器を奏でたり、馬に乗ったり、談笑しながら練り歩いたりする姿が描かれていた。紀元前四八〇年頃の皿に描かれているのは、杯《さかずき》の底に残ったワイン滓《かす》を的に向かって投げる「コッタボス」という遊びに興じている女性だ。眺めているだけで楽しさが伝わってくる。

カスタネットらしきものを持った乳房もあらわな若い女性を描いた杯。老人を歓迎している——あるいは追い払っている——老女を描いた杯もあった。大きな水差しにはギリシア神話のワインの神ディオニューソスと彼を取り巻く魅力的な一団が描かれている。黒豹を連れた若い美女、顎鬚を生やしたサテュロス、呪文を唱えながら空を飛ぶ翼のある少年、横たわる貴婦人、そして、裏側には花の渦巻き模様。たぶんブドウだろう。

地中海沿岸を回った時に訪ねた土地、見聞きした儀式がよみがえってきた。古代儀式には現代にも相通ずる人間の本質を言い当てたものが少なくない。紀元前四世紀にギリシアの詩人エウブロスが書いた劇を紹介した展示があって、酒宴を描写したディオニューソスの言葉が引用されていた。

　分別のある人々のためには三杯だけ調合する。一杯目は健康のために（そして、まずこれを飲む）、二杯目は愛と喜びのため、三杯目は眠りのため――これを飲み干したら、賢明な客は帰る。四杯目のクラテールはもはや我々ではなくヒュブリス（驕慢）のもので、五杯目には口喧嘩、六杯目には乱痴気騒ぎ、七杯目には殴り合いが始まり、八杯目で執行官の登場、九杯目で怒り狂い、一〇杯目には頭がおかしくなって物を投げ合う。

酒器の隣には彫像が並んでいた。サンダルを直そうとしている裸体のアフロディーテ像は一世紀か二世紀のものらしい。ニンフもしくは両性具有者のローマ時代の頭像は、カールした短髪が一九二〇年代に流行したフラッパーを思わせる。鳩を抱いたアフロディーテのブロンズ像は紀元前五世紀のもの。眺めていると、キプロス島のアフロディーテ神殿や島で飲んだワインを思い出した。ワインの交易で栄えたチグリス川岸の都市マリの裕福な商人の胸像も二体あった。きちんと整えた髪、厳かで独善的な表情が、一九世紀のフランスの中産階級の肖像画のようだ。経済的に成功をおさめ、そのことに満足している顔だ。

　ワイン探求の旅に出るようになってから、私の歴史を見る目は変わった。初めてニューヨークのメトロポリタン美術館に行ったのは九歳か一〇歳のときで、それ以来、パリ、ロンドン、テルアビブなど各地で美術館や博物館を訪ねた。だが、以前は古代に関する展示を見ても、その中の人間は見ていなかった。目に入ったとしても、精巧な切り絵のような存在にすぎなかった。

メトロポリタン美術館といえば、有名シェフのヨタム・オットレンギが、あの美術館で中世の中近東料理を再現した特別ディナーを提供したという記事を『ニューヨーカー』で読んだ。ホセ・ヴィアモーズがクレミザンワインに注目するようになったのは、オットレンギの店で働いていたソムリエの指摘がきっかけだった。あとで知ったことだが、オットレンギは子供の頃に父親に連れていってもらった修道院のワイナリーツアーが忘れられなかったそうだ。

私はオットレンギに連絡をとって、在来ブドウ品種に関する彼の意見を訊いた。クレミザン修道院をはじめとして、在来品種を使うワイナリーが増えているのはなぜだろう？　彼はこんな返信メールをくれた。「言うまでもなく、在来品種を保存していくことはきわめて重要だ。そうすることで、一〇〇〇年以上かけて進化してきたさまざまな品種を楽しむことができる。あらゆる作物の栽培を合理化してしまうと、風味の多様性を失い、食体験を均質化させる。非科学的な私見を述べさせてもらうなら、特定の場所で長い時間をかけて進化した作物から造ったワインのほうが興味深く、複雑で、地元の食材でつくった料理にもよく合う」

オットレンギは「非科学的」と謙遜しているが、在来品種に関する科学者の意見も彼と同じだ。稀少品種を守ることで独特のフレーバーを味わえるうえ、生物多様性も手に入れることができる。いったん絶滅したら、その品種だけでなく多くのものを失うことになる。

ここでひとつ告白しよう。ワイン探求の旅を始めたとき、古代ワインに対して漠然としたイメージを持ってはいたが、あちこちのワイナリーを訪ねて何が学べるのか、遠くまで旅する価値があるのかよくわからなかった。ワインのことを学びたいならソムリエ講座を受講してもよかったのだ。

もうひとつ告白しておこう。インディアナ州の母の家の謂《いわ》れに関心を持たなかったように、世界最古のブドウの化石を発見した人物をずっと無視してきた。スティーヴン・マンチェスターの論文は読んだが、ほんの四時間車を走らせて本人を訪ねようとしなかった。ゲインズビルにあるフロリダ大学の古植物学者（植物の化石の研究者）である。

考えてみれば、ずいぶん回り道をしたものだ。クレミザンワインに巡り合って何年も憑《つ》かれたように答えを求め続けたあげく、やっと訪ねる決心がついた。遅すぎたのか、それとも、機が熟したのか、それはわからない。オフィスに案内されたとたん、私はマンチェスターに好意を抱いた。こぢんまりしたオフィスだ。デスクの上は雑然としている。隅に置かれたコーヒーポットには淹れたてのコーヒーが入っているのかもしれないが、何週間も前からそのままそこにあるような感じもする。カーペットもファイリングキャビネットもよく使い込まれていて、彼が長年ここで研究に没頭してきたことを物語っていた。

ブドウに関する古植物学が飛躍的に進歩したのはここ二〇年ほどで、それ以前は現存する品種と化石記録との関連を把握しきれていなかったとマンチェスターは言った。一例を挙げると、DNA解析によってヴィティス属が出現したのは九〇〇〇年前から八〇〇〇万年前、恐竜が地上を闊歩していた頃と判明していた。初期のブドウがポプラ科から分化したこともわかっていた。しかし、最古のブドウの化石はイギリス南部で発掘された化石も北米で発見された化石もおよそ五〇〇〇万年前のもので、それ以前の化石は発見されていなかった。マンチェスターは調査範囲を北半球に限定しているからではないかと考え、インドでの発掘調査の助成金を申請した。「驚くべきことが二つあった。ひとつは助成金がおりたこと。もうひとつは実際に化石が見つかったことだ。分子レベルのエビデンスから考えて、インド、アフリカ、オーストラリアといった地域の古い岩石を探したほうがいいことがわかってきた」

インドは六五〇〇万年前には現在の赤道近くに位置する島だった。一〇〇万年ほど前、小惑星が地球に衝突して大量の灰と瓦礫を舞い上げ、日光が遮られた結果、まず多くの植物が、ついで草食恐竜が絶滅するという負の連鎖が続いた。活発な火山活動も大量絶滅の一因となった。インドには長く連なる火山があって、小惑星の衝突とほぼ同時期に定期的に爆発を繰り返していたことがわかっている。

「大量の溶岩が流れ出た。植物は溶岩流が固まってできた地層や溶岩流の間の土に根を張ったが、どちらも水はけが悪く、必要な養分を吸収できなかった。だから、発掘される石化した木は低木ばかりで、大きな木はない」

ブドウの種の化石は簡単にそれと見分けがつくのかと質問すると、マンチェスターは本を開いて写真を見せてくれた。「片側に一対の折り込みがあるだろう。裏返すと、丸い窪みか細長い溝がある。この特徴ですぐわかる」なぜこんなふうになっているのだろう？　進化上の目的があったのだろうか？

「わからない」とマンチェスターは言った。「［種の］表面積を増やすためではないかと思うが」そう言うと、さりげなく続けた。「君ならわかるんじゃないか?」ジョークのつもりだったのだろうが、それにしては期待と不安と驚異の混じり合った熱心な口調だった。だが、素人の私にわかるわけがなかった。

インドでの発掘調査で、マンチェスターのチームは六六〇〇万年前のブドウの化石を発見した。それ以前に最古とされていた化石より一五〇〇万年以上古い。厳密にはヴィティ・ヴィニフェラではなく、近縁種の化石だった。五〇〇〇万年から四五〇〇万年前には、ブドウの多様性は現在より高かったが、時とともに多くの種が失われたのだという。

ブドウは動物や鳥に種を運ばせるために独特の風味を発達させたという定説を私が口にすると、マンチェスターは必ずしもそうとは思えないと言った。古い品種の中には、とんでもない実をつけるものもあるからだ。たとえば、四七〇〇万年前のブドウの化石は、六ミリ以上の大きな種のまわりを一ミリ以下の果肉が覆っている。「こういう実はむしろ人間が栽培するのに適していた」必ずしも鳥を引き寄せるのが目的でなかったとすれば、アメリカの野生品種の中に風味の悪いものがあることにも納得がいく。「硬い束晶のあるブドウもあって、これは鳥に食べられないための工夫だろう」とマンチェスターは言った。束晶とは一部の植物の細胞に自然に蓄積した針状の結晶のことだ。

マンチェスターに世界最古のブドウの化石を見せてもらえることになった。箱や器材でいっぱいの別室に移ると、彼は小さな透明の封筒を取り出した。化石はその中にあった。太古の溶岩流からできた黒光りする玄武岩の中に親指の爪くらいの化石が埋まっている。マンチェスターが言ったとおり、私にもすぐブドウの種の化石とわかった。何枚か写真を撮ってから、手に取ってもいいだろうかと訊くと許可が出た。

手に取った瞬間、背筋がぞくぞくした。この小さなブドウは真のファイターだ。貧弱な土壌、汚染された大気、さまざまな飢えた動物と戦いながら生き延びてきた。八〇〇〇年ほど前、ようやく人間がワインを造るようになるまでさえ、長い道のりだっただろう。ヴィアモーズが教えてくれたアルメニアの洞穴にあった醸造所も同じ頃のものだと思い込んでいたが、あれは六〇〇〇年前のものだった。

今でもクレミザンワインのことを考えることがある。あの品種はブドウの家系図のどこに位置するのだろう？　私はワイン科学者の間でいっぱしのクレミザン通で通るようになった。サックラー博物館を訪ねた少しあとでパトリック・マクガヴァンからメールが届いて、シビ・ドローリの論文はもう発表されたかという問い合わせがあった。もちろん、古代ワインの世界的権威であるマクガヴァンが私の意見を求めてきたわけではない。だが、正直なところ、私もここまでたどり着いたという感慨にとらわれた。

二〇一七年初め、ドローリの調査チームは聖地のブドウに関する研究を『ネイチャー』誌に発表した。クレミザンワインの品種の一部が古代ローマ時代までさかのぼることを確認し、これまで知られていなかったイスラエルの品種を多数記載して、この地域のワイン用ブドウの実態を明らかにした。さらに、イスラエル・パレスチナの品種とそれ以外のコーカサス、イラン、中央アジアの品種との遺伝的関連も発見している。従来の研究や昔の詩からわかるように、この地域で長年にわたってブドウの売買が行われ、生食用・ワイン用を問わず風味のいいブドウが求められてきたという説がDNA解析によって裏付けられたことになる。この調査で、中央アジアのサティバ亜種からも上質ワインができる可能性があるとわかったそうだ。ヨーロッパでは上質ワインは限られた品種からしか造れないとされてきたが、コーカサス地方から聖地に至る一帯では、昔からさまざまな品種が使われていた。

今回のドローリの調査で中東の古代ワイン復活の基盤ができたから、いずれエイン・ミスラ、ソレク、ニツァン、ヤエルといったワインを手に入れられる日が来るだろう。イスラエルの消費者にも受け入れられると私は期待している。こうした古くて新しいワインを味わってみたいものだ。しかし、ドローリはレバントがワイン醸造発祥の地という自説を証明することはできなかった。その一方で、パトリック・マクガヴァンの調査チームが、コーカサス地方を発祥の地とする新たな証拠を発見した。八〇〇〇年前にチグリス川の近くで使われていた、ブドウの房を描いた大きな壺に関する論文を二〇一七年に発表している。

さらに、最近、ホセ・ヴィアモーズからレバノン固有のブドウ品種を同定したと聞いた。ワイン用ブドウ品種の家系図を完成させるのは決して簡単なことではないだろうが、ひょっとしたら、コーカサスの隠された谷で原始のブドウが見つかるかもしれない。カザフスタンでリンゴの栽培品種のほぼすべての祖先が発見されたように。一万年ほど前、リンゴの原種マルス・シルヴェストリスがシルクロードを通って東西に伝播し始めた。リンゴを食べて種を排泄する馬も一役買ったことだろう。リンゴの研究者であるエイドリアン・ニュートンは、野生のカザフ・マルス・シルヴェストリスには、イギリスの栽培種すべてより多くの色や形や大きさ、風味を持つ品種があることを発見した。黄色や紫色がかったもの、鮮やかな緑色から、万華鏡のような色合いのものまであり、大きさもプラムくらいのものから、現在よく見かける大きさのリンゴまでさまざまだ。ホセ・ヴィアモーズが見つけたいと夢見ているのは、カザフ・マルス・シルヴェストリスに相当するブドウの原種である。世界中のブドウとつながるＤＮＡを持つ古代品種、「すべてのブドウの母」だ。

そのブドウはまだ見つかっていない。だが、見つかる可能性はある。クレミザンワインやアラヴエルディワインを飲んだことのある私は、過去の味を知っていると言えるのだろうか？

その答えはまだわからない。

謝辞

この本はほとんど偶然の産物だが、私がホテルの部屋でクレミザンワインに巡り合ったのは、ジェシカ・ゴーマンとグウェン・ダリエンが、ワインとは別の科学的テーマの取材のためにヨルダンのアンマンに行かせてくれたおかげだ。

それ以来、多くの国の多くの方々に私がワインを理解するのを助けていただいた。際限のない私の質問に根気よく付き合ってくださった科学者のみなさんにとりわけ深く感謝する。科学的記述に関して誤りがあるとすれば、それはひとえに私の責任である。

私の著作権エージェントのローラ・ウッドには、この本の構成を考えるうえで、また、本の企画段階でも貴重な助言をいただいた。多くの指摘をいただいたスチュアート・ホロウィッツ、リサ・テナーにも感謝する。

文学、ワイン、そして古代ワイン追求に対する倫理観から、取材旅行に要した一切の費用は自分で負担した。それでも、実に多くの方々から訪ねるべきワイナリーや話を聞くべき科学者を紹介していただいた。ベス・フォン・ベンズ、ソフィア・パーペラ、マティ・フリードマンに感謝する。カレン・マクニールは草稿を読んで貴重なフィードバックを提供してくれた。

アルゴンキン・ブックスのエイミー・ガッシュが私の担当編集者だったのはワインの神々からの贈り物としか思えない。彼女は忍耐強く、聡明で、常に私を支えてくれた。アン・ウィンスローとブランソン・ホールには本のデザインと制作を、マイケル・マッケンジーとジャクリーン・バークにはマーケティングと宣伝を担当していただいた。私の雑なスケッチをみごとな地図に仕上げてくれたのは、マイケル・ニューハウスである。

ライターの方々に前半の草稿を読んでもらったが、とりわけサンタフェ・サイエンス・ライティング・ワークショップから貴重なフィードバックをいただいた。インストラクターのサンドラ・ブレイクスリー、ジョージ・ジョンソン、デイヴィッド・コーコラン、マイケル・スペクター、そして、フェローライターのアシュウィン・バドゥン、ジョーン・コンロー、セアラ・ヒレンブランド、メアリー・ディル、マンシー・ザング、プラシャン・ネアー、マーシャ・サリスベリーに感謝する。

サンタフェからはほかにも思いがけない贈り物をもらった。キャット・ワレンとの出会いである。ノース・カロライナや科学、著述のことを話すうちに彼女は私のかけがえのない友人かつ評論家となってくれた。私を支えながらも必要な批判を加える強さを持ち合わせた人物である。

ノース・カロライナと言えば、もう何年も前に、『ニューヨーカー』のライターだった故ジョゼフ・ミッチェルの知己を得て、ジャーナリストをめざすよう勧められた。彼の著作と助言からは今でも学ぶところが多い。

旧友のデイヴィッド・ユーロとテリー・ハーディンからは、自信をなくすたびに励まされた。バーバラ、クラーク、ハリー、ポリー・ホームズ、デボラ・ブルーム、ナンシー・アルブリトン、ドーン・シンクレア・シャピロ、アニタ・グレゴリーにも感謝する。だが、最大の読者は私の母ジェーンで、八六歳になった今も本に対する鋭い目と愛情を持っている。父はこの本を見ることはできなかったが、『ニューヨーク・レヴュー・オブ・ブックス』を熱心に読んでくれていた父はきっと喜んでくれているだろう。

ケヴィン・ベゴス
フロリダ州アパラチコラにて

ワインをもっと知りたい人、買いたい人のために

この本で取り上げたワインの中には入手困難なものもある。以下に挙げる輸入業者や小売業者は幅広いワインを扱っており、楽しいブログやニュースレターを配信している博識のワイン評論家でもある。

◆小売業者

Kermit Lynch Wine Merchant（カーミット・リンチ・ワイン・マーチャント）

1605 San Pablo Ave. Berkeley, CA.94702

(510)524-1524

www.kermitlynch.com

リンチは一九七〇年代初めから、フランスやイタリアのクラシックワインだけでなく、あまり知られていないワインも輸入している。彼のオンラインストアやニュースレターは、さまざまなブドウ品種を学ぶ格好の方法である。

Astor Wines & Spirits（アスター・ワインズ&スピリッツ）

De Vinne Press Building
399 Lafayette St. (at East Fourth St.)
Ner York,NY10003
(212)674-7500
www.astorwines com

アスターでは定期的に試飲会を開いている。また、アスターのウェブサイトでは、アギオルティコ（ギリシア）、ボガツケレ（トルコ）、ピクプール（フランス）、ツヴァイゲルト（オーストリア）など、さまざまな品種で造ったワインを検索できる。

Chambers Street Wines（チャンバーズ・ストリート・ワインズ）

148 Chambers St.
New York, NY 10007
(212)227-1434
www.chambersstreetwines.com

世界中の小規模生産者のワインの素晴らしいコレクションがある。

ブログ、ウェブサイト、それ以外の情報源

ホセ・ヴィアモーズ
@JoseGrapes on Twitter

果てしなく続くワイン用ブドウの情報や科学的説明が、キプロスの固有種モロカネラを取り上げた“My first ever Morokanella, old native#wine#grape from#cyprus in#nicosia”といったツイートや、アルメニアの古代ワイナリーを巡る“Get your running shoes on We've organized the first ever Vineyard trail run in Armenia!!!”といったツイートに満載。

Biomolecular Archaeology Project（考古生化学プロジェクト）
パトリック・マクガヴァン、ペンシルベニア大学
www.penn.museum/sites/biomoleculararchaeology/

“A biomolecular archaeological approach to 'Nordic grog'”（「北欧のグロッグ酒」に対する考古生化学の取り組み方）をもっと知りたい？　もちろん、知りたいはずだ。この論文ならびに彼の講義や研究、そして古代エールの再現に関する情報が、この最高に

面白いウェブサイトに掲載されている。

The Feiring Line（ザ・フェイリング・ライン）
www.alicefeiring.com

作家で評論家のアリス・フェイリングの無料ブログとサブスクリプション形式のニュースレターには、推奨ワイン、インタビュー、役立つ情報が掲載されている。フェイリングは自分の仕事をこう表現している。「ワイン界のレオン・トロツキーやフィリップ・ロスやチョーサーやイーディス・ウォートンを探すこと。彼らにはナチュラルであってほしいし、何よりも、たとえ議論があるとしても、真実を語ってほしい」フェイリングはジョージアワインの最新ニュース、世界中のナチュラルワインや楽しいワインの貴重な情報発信者である。

Jancis Robinson（ジャンシス・ロビンソン）
www.jancisrobinson.com

多くの人が（私も含めて）ロビンソンを世界一博識なワイン評論家と見なしている。文才があり、飽くなき好奇心の持ち主である彼女のウェブサイトには、ブルゴーニュから中国に至るまで膨大なワイン情報が掲載されている。無料のニュースレターとサブスクリプション形式の評論を発行。彼女のサイトには多くの才能ある作家たちが寄稿している。

Wine Anorak（ワイン・アノラック）
www.wineanorak.com

ジェイミー・グッドは植物生物学の博士号を持っているが、何年も前に科学者としての仕事をやめてワインライターになった。彼のウェブサイトには最新ニュース、特集、評論のほか、ワイン科学に関する欄もある。「オタクになることを恐れてはいけない」と彼は言うが、私も賛成だ。決して悪いことではない（ちなみに、「アノラック」はここではフードのついた防寒ジャケットのことではなく、一風変わったテーマに没頭している人をさすイギリス英語の俗語だ）。

RAW WINE（生ワイン）
www.rawwine.com

年一回ロンドンで開催されていたナチュラルワインの世界的祭典が、ニューヨーク、ベルリン、ロサンゼルスでも開かれるようになった。フェイスブックでイベントの最新情報

をチェックするといい。www.facebook.com/rawwineworld

The Academic Wino（ジ・アカデミック・ワイノ）
www.academicwino.com

科学者でワイン愛好家のベッカ・イースマン・アーウィンの素晴らしいブログには、最新のワイン醸造やブドウ栽培に関する研究が掲載されている。

The Wineoscope（ザ・ワイネオスコープ）
www.wineoscope.com

この酵母研究者エリカ・シマンスキーのウェブサイト、サブタイトルが内容を端的に物語っている。「ワイン科学、ワインレトリック、ならびにそれ以外のオタク趣味。私たちは酵母のために働いているかもしれないけれど、その逆はないことをお忘れなく……」

訳者あとがき

出張先のホテルの部屋に備えつけられていたワインの味が忘れられなくなった。この本はそんな偶然から生まれました。

著者のケヴィン・ベゴス氏はAP通信、『タンバ・トリビューン』の特派員、MITナイト・サイエンス・ジャーナリズム・フェローなどを経て、フリーランスのライターとなった経歴の持ち主で、およそ一〇年の歳月をかけて、その「幻のワイン」の謎を解明しようとしました。中東、スイス、コーカサス地方、キプロス、ギリシア、フランス、イタリアを歴訪し、抜群の調査力と取材力を発揮しながら「いにしえの味」を追い求めたのです。

その間に、DNA鑑定によって世界のワインブドウの品種の系統図を完成させようとする科学者、古代ワインを復活させようとしている考古学者、昔ながらの製法を試みるワイン醸造家、ハイブリッド品種の育成に努めるブドウ生産者等々、いずれも強烈な個性の持ち主に次々と出会いました。こうして、最初の目標は特定のワインだったのに、いつのまにか興味の対象がどんどん広がっていったのです。

取材を続けるうちに「アメリカのブドウ品種の研究をしてみたら」と勧められ、幻のワインの謎が解けたあとは、腰を据えてアメリカのワイン業界の研究に傾倒するようになります。その過程で度肝を抜くような新しい試みを知り、ワイン科学の暗黒面にも向き合わざるをえなくなります。そして、アメリカの土着品種を使って新たなワイン造りをめざす醸造家たちを訪ねるうちに、いつの日か「幻のワイン」を復活させようと夢見るように……。

この本の魅力は、ワイン紀行としての面白さもさることながら、サイエンスライターでもある著者ならではの科学的でわかりやすい解説にあります。酵母の話や人間の味覚に関する説明に興味を惹かれる方も少なくないでしょう。

人類がまだ石器を使っていた八〇〇〇年前頃には造られていたという長い歴史を持つワイン。本書ではワイン発祥の地やワイン造りの伝播も取り上げています。章末には厳選されたワインリストも。その大半がインターネットショッピングで入手できるのもうれしい話ですね。

ワイン好きの方はもちろんのこと、ワインに詳しくなくても楽しんでいただけること請け合いです。「ワインは別の時代、別の文化、別の場所に連れていってくれるパスポート」という記述が出てきますが、まさにその言葉どおり、この本はワインをめぐる壮大な旅にあなたを誘ってくれることでしょう。

二〇二二年五月

矢沢聖子

原　注

1章 謎のワイン

12　そして、その直後に権威あるワイン事典
Jancis Robinson, ed., The Oxford Companion to Wine, Third Edition (New York: Oxford University Press, 2006).

13　紀元八〇〇年頃バグダッドに住んでいた
Roger M.A. Allen, Encyclopedia Britannica online, s.v. "Arabic Literature" (n.d.): https://www.britannica.com/art/Arabic-literature.

13　それでも、時折
Peter Washington, ed., Persian Poets (New York: Everyman's Library, Alfred A. Knopf, 2000).

14　現在のイスラエルで
Raymond Scheindlin, Wine, Women and Death: Medieval Hebrew Poems on the Good Life (New York: Oxford University Press, 1999).

15　そんなときホセ・ヴィアモーズの著作
Jancis Robinson, Julia Harding, and Jose Vouillamoz, Wine Grapes: A Complete Guide to 1,368 Vine Varieties, Including Their Origins and Flavours (New York: Ecco Press, 2012).

17　第三代合衆国大統領トーマス・ジェファーソンは
"Esopus SpitzenBurg Apple," Thomas Jeffferson Foundation, https://www.monticello.org/site/house-and-gardens/in-bloom/esopus-spitzenburg-apple.

17　キャベンディッシュ種が世界市場の九〇パーセントを
Roberto A. Ferdman, "Bye, bye bananas," Washington Post, Dec. 4, 2015.

17　影響力絶大なワイン評論家
Robert M. Parker Jr., "The Dark Side of Wine," Atlantic, Dec. 2000, originally published in Parker's Wine Buyer's Guide, Fifth Edition (New York: Simon & Schuster, 1999).

18　実際、それを裏付ける数字があがっている
Kym Anderson, "Changing Varietal Distinctiveness of the World's Wine Regions: Evidence from a New Global Database," Journal of Wine Economics 9, no. 3 (Nov. 3, 2014): 249 – 72.

19　ある日、『ワイン用葡萄品種大事典』のウェブサイト
Jancis Robinson, Julia Harding, and Jose Vouillamoz, "#NotInWineGrapes competition," Wine Grapes, Feb. 2013,

http://winegrapes.org/notinwinegrapes-contest/.

2章 古生物学と古代ワイン

21 「質量分析計は分子の質量を
"Critical Mass: A History of Mass Spectrometry," Chemical Heritage Foundation, http://archive.is/3O5mZ; see also Scripps Center for Metabolomics, "Basics of ass Spectrometry," Scripps Research Institute website, https://masspec.scripps.edu/landing_page.php?pgcontent=whatIsMassSpec.

21 そのファインマンが一九六〇年代に
The Feynman Lectures on Physics; The Complete Audio Collection, Vol. 11 (New York: Basic Books, 2007).

22 液体クロマトグラフィーといった分析方法
NMSU College of Arts and Sciences, Department of Chemistry and Biochemistry, "Liquid Chromatography," New Mexico State University, https://web.nmsu.edu/~kburke/Instrumentation/Lqd_Chroma.html.

23 スペインの研究者グループが
Irep en Kemet Project: Documenting the Corpus of Wine in Ancient Egypt website, Barcelona: Archaeological Institute of America, https://www.archaeological.org/fieldwork/cp/10941.

23 マクガヴァンは研究の一環として
Patrick McGovern, Armen Mirzoian, and Gretchen R. Hall, "Ancient Egyptian herbal wines," Proceedings of the National Academy of Sciences 106, no. 18 (May 009): 7361 – 6.

24 マクガヴァンはアンフォラがどこで製造されたかを
Patrick McGovern, Ancient Wine: The Search for the Origins of Viniculture (Princeton, NJ: Princeton University Press, 2003).

25 その推測は、
Herodotus, The History of Herodotus, trans. George Rawlinson (London: John Murray, 1858).

25 エジプト人は遅くとも
Michael V. Fox, The Song of Songs and the Ancient Egyptian Love Songs (Madison: University of Wisconsin Press, 1985).

25 そういえば、シュメール人も

Jeremy Black et al., The Electronic Text Corpus of Sumerian Literature, Faculty of Oriental Studies, University of Oxford (Nov. 30, 2016): http://etcsl.orinst.ox.ac.uk/.

25 そして、次に挙げるのは
Miriam Lichtheim, Ancient Egyptian Literature: A Book of Readings, Vol. I, The Old and Middle Kingdoms (Berkeley: University of California Press, 1973).

26 古代ワインに抱いていた私の
Patrick Mc- Govern, Ancient Wine (Princeton, NJ: Princeton University Press, 2003).

26 古代のジョークには笑ってしまった
Jeremy Black et al., The Electronic Text Corpus of Sumerian Literature, Faculty of Oriental Studies, University of Oxford (Nov. 30, 2016): http://etcsl.orinst.ox.ac.uk/.

27 イネブリオメーター(酩酊度測定器)という
Ulrike Heberlein et al., "Molecular Genetic Analysis of Ethanol Intoxication in Drosophila melanogaster," Integrative & Comparative Biology 44, no. 4 (Aug. 1, 2004): 269 – 74.

28 インドではゾウの群れが醸造所を
Eli MacKinnon, "Is Every Single Elephant a Village-Wrecking Booze Hound?", Live Science website, Nov. 9, 2012, http://www.livescience.com/24678-is-every-single-elephant-a-village-wrecking-booze-hound.html.

29 一九九九年にマクガヴァンのチームは
Patrick McGovern et al., "A funerary feast fit for King Midas," Nature 402 Dec. 23, 1999): 863 – 4.

31 世界最古の法律文書であるバビロニアの
L. W. King, trans., The Code of Hammurabi, The Avalon Project, Yale Law School, http://avalon.law.yale.edu/ancient/hamframe.asp.

31 紀元前三六〇年頃、プラトンは
Plato, Laws, trans. Benjamin Jowett (Oxford University: Clarendon Press, 1875).

31 三世紀から五世紀にかけて、
Michael L. Rodkinson, trans., New Edition of the Babylonian Talmud, Volume III: Section Moed (Festivals): Tract Erubin (Boston: New Talmud Publishing Company, 1903).

32 古代メソポタミアの粘土板を
Wolfgang Heimpel, Letters to the King of Mari: A New Translation, with Historical Introduction, Notes, and Commentary (Winona Lake, Indiana: Eisenbrauns, 2003); see also A. Leo Oppenheim, trans., Letters from Mesopotamia: Official, Business, and Private Letters on Clay Tablets from Two Millennia (Chicago: University of Chicago Press, 1967).

33 ワインは重要なものだったから
John Campbell, The Hittites: Their Inscriptions and Their History, Vol. II (London: John C. Nimmo, 1891).

3章 クレミザン

37 マイヤーは著名な考古学者で
Maier, Aren, Tell es-Safi/Gath Archaeological Project Official (and Unofficial) Weblog, https://gath.wordpress.com/.

38 そのあとエメック・レファイム・ストリートを
Philologos, "Ghostly," Forward, March 26, 2004.

48 由緒あるユダヤ系のアメリカの新聞
Philologos, "The Adorable Moses Cow," Forward, April 23, 2004.

4章 イスラエルの忘れられたブドウ品種

54 文献を見るかぎり、ドローリの研究は
Ariel University Wine Research Center, "Reviving the Wines of Ancient Israel," Friends of Ariel University website, http://www.afau.org/blog/2015/05/14/the-ariel-univeresity-wine-research-center-reviving-the-wines-of-ancient-israel/.

57 一九九七年にドイツの研究チームが
Manfred Heun et al., "Site of Einkorn Wheat Domestication Identified by DNA Fingerprinting," Science 278, iss. 5341 (Nov. 14, 1997): 1312 – 4.

58 遺伝学者のショーン・マイルズ
Sean Myles et al., "Genetic structure and domestication history of the grape," Proceedings of the National Academy of Sciences 108, no. 9 (Jan. 18, 2011): 3530 – 5.

59 カリフォルニア大学デービス校の科学者
Esther Mobley, "New wine film 'Somm: Into the Bottle' is ambitious, dangerously

selective," SFGate website, Nov. 12, 2015, http://insidescoopsf.sfgate.com\/blog/2015/11/12/new-wine-film-somm-into-the-bottle-is-ambitious-dangerously-selective/.

60 フィンチや亀やミミズといった
Charles Darwin, The Movements and Habits of Climbing Plants (London: John Murray, 1875).

63 およそ六六〇〇万年前の白亜紀に
Norman Sleep and Donald Lowe, "Scientists reconstruct ancient impact that dwarfs dinosaur-extinction blast," American Geophysical Union website, Washington, DC, April 9, 2014, https://news.agu.org/press-release/scientists-reconstruct-ancient-impact-that-dwarfs-dinosaur-extinction-blast/.

5章 ワイン科学者

68 『デキャンター』誌で
Andrew Jefford, "Jefford on Monday: The Grammar of Wine," Decanter website, Oct. 22, 2012, http://www.decanter.com/wine-news/opinion/jefford-on-monday/jefford-on-monday-the-grammar-of-wine-24418/;see also Eric Asimov, "Highlights From the 2012 Vintage in Wine Publishing," New York Times, Nov. 30, 2012.

70 アルメニアのアレニ村の近くの洞窟
Hans Barnard et al., "Chemical evidence for wine production around 4000 BCE in the Late Chalcolithic Near Eastern highlands," Journal of Archaeological Science 38, iss. 5 (May 2011): 977 – 84.

72 二〇一三年、フランスの研究者チームが
Roberto Bacilieri et al., "Genetic structure in cultivated grapevines is linked to geography and human selection," BMC Plant Biology 13, no. 25 (Feb. 8, 2013).

72 植物遺伝学者エフード・ワイス
Ehud Weiss, " 'Beginnings of Fruit Growing in the Old World' two generations later," Israel Journal of Plant Sciences 62, nos. 1 – 2 (2015): 75 – 85.

74 したがって、古代ローマの博物学者
Pliny the Elder, The Natural History of Pliny, Vol. III, Ch. 20, trans. John Bostock and H. T. Riley (London: Henry G. Bohn, 1855).

75 二〇一二年にイタリアの出版社から
Anna Schneider, et al., Ampelografia Universale Storica Illustrata: I Vitigni del Mondo (Turin: L'Artistica ditrice, 2012).

78 メレディスはこの新品種誕生を
Carole Meredith, interview by Geoff Kruth and Matt Stamp, "An Interview with Dr. Carole Meredith," GuildSomm website, November 2011, https://www.guildsomm.com/stay_current/features/b/guest_blog/posts/the-science-of-grape-genetics-an-interview-with-dr-carole-meredith.

78 シャルドネの血統が明らかになったとき
Nicholas Wade, "For a Noble Grape, Disdained Parentage," New York Times, Sept. 3, 1999.

79 ジンファンデルのルーツをめぐる論争
Lynn Alley, "ATF Proposes Primitivo as Synonym for Zinfandel," Wine Spectator, April 16, 2002.

80 二〇一六年時点で
"2016 World wine production estimated at 259 mhl," OIV life website, Oct. 20, 2016, http://www.oiv.int/en/oiv-life/2016-world-wine-production-estimated-at-259-mhl.

80 DNAという言葉は聞き慣れていたが
"About the MBL Logan Science Journalism Program," Marine Biological Laboratory website, University of Chicago, http://www.mbl.edu/sjp/.

84 その後、EUが補助金を出して
Lisa Hirai, "Distillation: An Effective Response to the Wine Surplus in the European Community?", Boston College International and Comparative Law Review 16, iss. 1 (Dec. 1, 1993); Barrett Ludy, "ConfEUsion: A Quick Summary of the EU Wine Reforms," GuildSomm website, Oct. 5, 2012.

85 二〇〇六年にヴィアモーズは
J. F. Vouillamoz et al., "The parentage of 'Sangiovese', the most important Italian wine grape," Vitis 46, no. 1 (2007): 19 – 22.

88 イタリア国境から一〇マイルほど離れた
VinEsch website (auto-translated from German), http://www.vinesch.ch.

93 「コルク臭がする」と彼が言った
Maria Luisa Alvarez-Rodriguez et al., "Cork Taint of Wines: Role of the Filamentous Fungi Isolated from Cork in the Formation of 2,4,6-Trichloroanisole by

O Methylation of 2,4,6-Trichlorophenol," Applied and Environmental Microbiology 68, no. 12 (Dec. 2002): 5860 – 9.

6章 フレーバー、テイスト、マネー

97 シェファードは脳を

Gordon Shepherd, "Neuroenology: how the brain creates the taste of wine," Flavour 4, no. 19 (March 2, 2015).

98 二〇一四年にフランスの研究チームが

Lionel Pazart et al., "An fMRI study on the influence of sommeliers' expertise on the integration of flavor," Frontiers in Behavioral Neuroscience 8, no. 358 (Oct. 2014).

98 フランスとドイツの音楽を交互に店内に流して

A. C. North, David J. Hargreaves, and Jennifer McKendrick, "The Influence of In-Store Music on Wine Selections," Journal of Applied Psychology 84, no. 2 (April 1999): 271 – 6.

99 二六人の被験者にクラシック音楽を聴きながら

Charles Spence et al., "Looking for crossmodal correspondences between classical music and fine wine," Flavour 2, no. 29 (Dec. 19, 2013).

99 しかし、風味や香りは心理的な要因だけで

Olivier Jaillon et al., "The grapevine genome sequence suggests ancestral hexaploidization in major angiosperm phyla.", Nature 449 (Sept. 27, 2007): 462 – 7.

99 最近はごく微量のフレーバーも実験室で

Claudia Wood et al., "From Wine to Pepper: Rotundone, an Obscure Sesquiterpene, Is a Potent Spicy Aroma Compound," Journal of Agricultural and Food Chemistry 56, no. 10 (ACS Publications, May 8, 2008): 3738 – 44.

100 イギリスのワイン科学者で評論家のジェイミー・グッド

Jamie Goode, The Science of Wine: From Vine to Glass, Second Edition (Berkeley: University of California Press, 2014).

100 スタンフォード大学で、ブラインドテイスティングで

Hilke Plassmann et al., "Marketing actions can modulate neural representations of experienced pleasantness," Proceedings of the National Academy of Sciences 105, no. 3 (Jan. 22, 2008): 1050 – 4.

101 同じ白ワインの一本には
Brian Wansink, Collin R. Payne, and Jill North, "Fine as North Dakota Wine: Sensory Expectations and the Intake of Companion Foods," Physiology & Behavior 90, iss. 5 (April 23, 2007): 712 – 6.

103 二〇〇〇年ほど前に大プリニウスは
Pliny the Elder, The Natural History of Pliny, Vol. III, Book XIV, trans. John Bostock and H. T. Riley (London: Henry G. Bohn, 1855).

103 「だから、私はすべてのワインを語ろうなどとせず
Pliny the Elder, The Natural History of Pliny, Vol. III, trans. John Bostock and H. T. Riley (London: Henry G. Bohn, 1855).

130 古代ギリシアのアテナイオスは
Athenaeus, The Deipnosophists, trans. Charles Burton Gulick (Cambridge, MA: Harvard University Press, 1927).

104 さらにマイヤーは、最近の発掘調査から
Andrew J. Koh, Assaf Yasur-Landau, and Eric H. Cline, "Characterizing a Middle Bronze Palatial Wine Cellar from Tel Kabri, Israel," PLOS ONE (Public Library of Science, Aug. 27, 2014).

105 ワインの「ラベル」も
Eva-Lena Wahlberg, The Wine Jars Speak: A text study (Uppsala, Sweden: Uppsala University Department of Archaeology and Ancient History, 2012).

7章 コーカサス

108 最近のジョージアの政局は安定しているが
"Country information/ Russia," US Department of State website, accessed Jan. 12, 2017, https://travel.state.gov/content/passports/en/country/russia.html (warning has since been removed).

108 人類学者フロリアン・ミュルフリードは
Florian Muhlfried, Being a State and States of Being in Highland Georgia (New York: Berghahn Books, 2014).

111 この祭りに修道院側は複雑な反応を
Giorgi Shengelaia, dir., Alaverdoba (1962): http://www.geocinema.ge/en/index.php?filmi=173.

113 一九二〇年代にロシアの伝説的な
Encyclopedia Britannica online, s.v. "Nikolay Ivanovich Vavilov, Russian

geneticist" (1998): https://www.britannica.com/biography/Nikolay-Ivanovich-Vavilov.

114 シカゴ植物園をはじめ
"Plant Expedition to the Republic of Georgia — Caucasus Mountains," Chicago Botanic Garden website, 2010, https://www.chicagobotanic.orgadownloads/collections/georgia2010.pdf.

114 コーカサス地方はおよそ二五〇〇万年前
Lewis Owen, Nikolay Andreyevich Gvozdetsky, and Solomon Ilich Bruk, Encyclopedia Britannica online, s.v. "Caucasus, Region And Mountains, Eurasia" (2015): https://www.britannica.com/place/Caucasus.

114 遺伝的多様性に関する国連の報告書には
Caterina Batello et al., "At the Crossroads Between East and West" in Gardens of Biodiversity: Conservation of genetic resources and their use in traditional food production systems by small farmers of the Southern Caucasus, ed. Roberta Mitchell (Rome: Food and Agriculture Organization of the United Nations, 2010).

117 「オレンジワイン」と呼ぶ評論家もいるが
Carson Demmond, "Forget Red, White, and Rose — Orange Wine Is What You Should Be Sipping This Fall," Vogue, Oct. 5, 2015.

117 伝説的なシェフ、ダニエル・ブールーのもとで働いた
Anna Lee C. Iijima, "Why Orange Wines Will Never Be Mainstream — But a case for why they're more than a dying trend," Wine Enthusiast, March 5, 2013.

117 イギリスのワインジャーナリスト、サイモン・ウルフも
Simon J. Woolf, "2010 Alaverdi Monastery Rkatsiteli, Kakheti," Tim's Tasting Notes website, Jan. 1, 2013, http://www.timatkin.com/reviews?807.

120 ワイン評論家で作家のアリス・ファイアリングが
Alice Feiring, "Random thoughts on Georgia," RAW WINE website, Apr. 13, 2015, http://www.rawwine.com/blog/random-thoughts-georgia.

120 ワイン評論家で作家のアリス・ファイアリングが
Chateau Mukhrani website,http://chateaumukhrani.com/en/home.

124 単一栽培の弊害の有名な例は
Joel Mokyr, Encyclopedia Britannica online, s.v. "Great Famine, Famine, Ireland [1845 – 1849]" (April 19, 2017): https://www.britannica.com/event/Great-Famine-Irish-history.

125 古代ギリシアの歴史家ヘロドトスは
Herodotus, The History of Herodotus, trans. George Rawlinson (London: John Murray, 1858).

125 『ナルト叙事詩:チェルケス人とアブハズ人の古代神話と伝説』
John Colarusso, trans., Nart Sagas: Ancient Myths and Legends of the Circassians and Abkhazians (Princeton, NJ: Princeton University Press, 2016).

8章 酵母、共進化、スズメバチ

131 「マスター・オブ・ワイン」を持つサリー・イーストンも
Sally Easton, "Saccharomyces interspecific hybrids: a new tool for sparkling winemaking," WineWisdom website, June 20, 2016, http://www.iccws2016.com/wp-content/uploads/2013/07/Wine-Wisdom-206.pdf.

133 スペインの研究チームによると
E. Perez-Ortin et al., "Molecular Characterization of a Chromosomal Rearrangement Involved in the Adaptive Evolution of Yeast Strains," Genome Research 12, no. 10 (October 2002): 1533 – 9.

133 さらには、ワイン酵母は世界中のワイン愛好者の助けを借りて
M. R. Goddard et al., "A distinct population of Saccharomyces cerevisiae in New Zealand: evidence for local dispersal by insects and human-aided global dispersal in oak barrels.", Environmental Microbiology 12, no. 1 (January 2010): 63 – 73.

133 だが、スズメバチに寄生するという要領のいい解決策を
Irene Stefanini et al., "Role of social wasps in Saccharomyces cerevisiae ecology and evolution," Proceedings of the National Academy of Sciences 109, no. 33 (Aug. 14, 2012): 13398 – 403.

134 フランスの研究チームが酵母のDNA解析をした結果
Delphine Sicard and J. L. Legras, "Bread, beer and wine: yeast domestication in the Saccharomyces sensu stricto complex."

Comptes Rendus Biologies 334, no. 3 (March 2011): 229 – 36.

135 現代の酵母のDNAを解析して共通始祖につながる道筋を
Krista Conger, "In vino veritas: Promiscuous yeast hook up in wine-making vats, study shows," Stanford Medicine News Center, Feb. 26, 2012.

135 酵母がいつどこで生まれたか定説はない
Raul J. Cano et al., "Amplification and sequencing of DNA from a 120 – 135-million-year-old weevil," Nature 363 (June 10, 1993): 536 – 8.

136 ようやく一九六五年に
Erika Szymanski, "Spontaneous Fermentation: Bubble, Bubble, Less Toil, or Trouble?" Palate Press website, July 25, 2010, http://palatepress.com/2010/07/wine/spontaneous-fermentation-wine-bubble-bubble-less-toil-or-trouble/.

136 野生酵母にも各地域のワイン酵母にも
Gemma Beltran et al., "Analysis of yeast populations during alcoholic fermentation: A six year follow-up study," Systematic and Applied Microbiology 25, iss. 2 (2002): 287 – 93.

137 その後、思いがけない進展があった
See Gabe Oppenheim, "The Beer That Takes You Back . . . Millions of Years," Washington Post, Sept. 1, 2008.

137 二〇〇八年に化石から抽出した酵母で
Ian Schuster, "45-million-year-old-yeastbeer Early Access," Indiegogo, https://www.indiegogo.com/projects/45-million-year-old-yeast-beer-early-access#/.

137 シュブロスの醸造責任者イアン・シュスター
Alyssa Pereira, "The East Bay beer that's 45 million years old," SFGate, Aug. 26, 2016, http://www.sfgate.com/food/article/The-East-Bay-beer-that-s-45-million-years-old-9177673.php.

138 フランスのラレマンド社の科学者クレイトン・コーンは
Clayton Cone, "Yeast Genetics and Flavor," Lallemand website, March 25, 2017, http://beer.lallemandyeast.com/articles/yeast-genetics-and-flavor.

138 アメリカ食品医薬品局（FDA）は
Prof. Joe Cummins, "Genetically Engineered Wine & Yeasts Now on the Market," Organic Consumers Association website, Dec. 1, 2005, https://www.organicconsumers.org/old_articles/ge/

wine121005.php.

138 シマンスキーはブログの中で

Erika Szymanski, "Has Yeast Domesticated Us?", Palate Press: The Online Wine Magazine, March 10, 2013, http://palatepress.com/2013/03/wine/has-yeast-domesticated-us/.

9章 アフロディーテ、女性、ワイン

140 彼女は……月だ、そして……

Macrobius, Saturnalia: Books 3 – 5, trans. Robert A. Kaster (Cambridge, MA: Loeb Classical Library, Harvard University Press, 2011).

141 ニンファエウムはもともと泉のそばにあった

"Nymphaeum, Ancient Greco-Roman Sanctuary," Encyclopedia Britannica online (2008): https://www.britannica.com/art/nymphaeum.

125 The pharaohs of ancient Egypt came there See Eric H. Cline, ed., The Oxford Handbook of the Bronze Age Aegean (ca. 3000 – 1000 BC) (New York: Oxford University Press, 2010).

143 中世のフランスの詩には

Ben O'Donnell, "The First Wine Competition?", Wine Spectator, May 31, 2011.

152 パトリック・マクガヴァンによると

Patrick McGovern, Uncorking the Past: The Quest for Wine, Beer, and Other Alcoholic Beverages (Berkeley: University of California Press, 2010); see also Patrick McGovern, Ancient Wine (Princeton, NJ: Princeton University Press, 2003).

153 『ギルガメシュ叙事詩』に登場するシドゥリは

Andrew George, trans., The Epic of Gilgamesh (New York: Penguin Books, 2003).

154 「ディオニューソスのオルギア(儀式)に参加した

Ross S. Kraemer, "Ecstasy and Possession: The Attraction of Women to the Cult of Dionysus," Harvard Theological Review 72, nos. 1 – 2 (Jan. – Apr. 1979): 55 – 80.

155 二世紀頃のローマの風刺詩人ユウェナリスは

G. G. Ramsay, trans., Juvenal and Persius (New York: G. P. Putnam's Sons, 1918).

155 そして、聖なる儀式も堕落してしまう

Sarah B. Pomeroy, Goddesses, Whores, Wives, and Slaves: Women in Classical Antiquity (New York: Schocken Books, 1995).

10章　ゴリアテ、採集体験、そして、見つかった答え

163　イスラエルを再訪したのは
Times of Israel Staff, "Worst air pollution ever in Jerusalem as sandstorm engulfs Mideast," Times of Israel, Sept. 8, 2015.

11章　イタリア、レオナルド・ダ・ヴィンチ、自然派ワイン

176　ジュストは地元品種を使ったワイン醸造のパイオニアで
Ivan Brincat, "Azienda Agricola COS: A Sicilian winemaker with a difference," Food and Wine Gazette, Dec. 8, 2014.

176　そして、二〇〇三年に
Arianna Occhipinti, Natural Woman: My Sicily, My Wine, My Passion (Rome: Fandango Libri, 2013); original in Italian with English translation by author.

177　二、三年前の彼女のインタビュー記事を思い出した
Arianna Occhipinti, interview by Charles Gendrot at Cork and Fork wine event, Washington, D.C., April 9, 2015, http://washingtondc.eventful.com/events/dc-arianna-occhipinti-ines-frappato-nero-davol-/E0-001-081472887-0.

181　「現在、ワイン用ブドウにも生食用ブドウにも
Sean Myles et al., "Genetic structure and domestication history of the grape," Proceedings of the National Academy of Sciences 108, no 9 (March 1, 2011): 3530 – 5.

181　イザベル・レジュロンは自然派ワインの
Isabelle Legeron MW, "What is Natural Wine?" Decanter magazine via RAW WINE website, Sept. 2011, http://www.rawwine.com/what-natural-wine.

182　ドイツの環境科学者で食品科学者のセシリア・ディアスは
Cecilia Diaz et al., "Characterization of Selected Organic and Mineral Components of Qvevri Wines," American Society for Enology and Viticulture 64 (Dec. 2013): 532 – 7.

182　イタリアの科学者ロベルト・フェラリーニも

Ferrarini, Roberto, "The 'Long Time Skin Contact' Typical Technique of Qvevri Wines: Its Effects on Phenolic and Aromatic Wine Composition," 1st International Qvevri Wine Symposium Report Georgian Wine Association website, Sept. 11, 2011, http://doczz.fr/doc/2201964/1st-international-qvevri-wine-symposium.

183 サイモン・ウルフはジョージアの自然派ワインを

Simon Woolf, "Georgian qvevri wine: if it's good enough for God . . .", timatkin.com, Jan. 1, 2013, http://www.timatkin.com/articles?803.

184 二〇一四年、カリフォルニアのワイン品評会で

David White, "Robert Parker Responds to Jon Bonne," Terroirist: a daily wine blog, Feb. 25, 2014, http://www.terroirist.com/2014/02/robert-parker-responds-to-jon-bonne/.

185 現地の新聞を眺めていると

La Vigna di Leonardo website, http://www.vignadileonardo.com/setlang=en.

186 一六世紀のミラノの地図には

Charles Nicholl, Leonardo da Vinci: Flights of the Mind (New York: Viking, 2004).

186 一五〇七年にはミラノに戻り

Charles Nicholl, Leonardo da Vinci: Flights of the Mind

190 イエス・キリストを実在の人物と考えるか

Michael Harthorne, "The Last Supper of Jesus Didn't Happen at a Table," Newser, March 25, 2016.

12章　ワインとフォアグラ

195 考古学の研究やDNA解析から

Patrick E. McGovern et al., "Beginning of viniculture in France," Proceedings of the National Academy of Sciences 110, no. 25 (June 18, 2013): 10147 – 52.

196 一三一〇年にフランシスコ修道会の神学者ヴィタル・デュ・フォーが

Relax News, "France vaunts '40 virtues' of Armagnac," Independent, Feb. 7, 2010.

197 一九〇年の歴史を誇るブドウ畑だった

Marcel Michelson, "French classify ancient vines as national treasure," Reuters, Paris, June 26, 2012.

209 一八八〇年代にボルドーを訪れたヘンリー・ジェイムズが
Henry James, A Little Tour of France (Cambridge, MA: The Riverside Press, Houghton, Mifflin and Company, 1900).

211 二〇一六年時点で中国のブドウ畑は
Sylvia Wu, "Cabernet Sauvignon reigns in Chinese wine regions, shows from native furry vines, Decanter China, Feb. 17, 2015

13章　テロワールの科学

216 「テロワールの歴史そのものがしばしば誤伝されている
Rod Phillips, "The Myths of French Wine History," GuildSomm website, Oct. 17, 2016, https://www.guildsomm.com/stay_current/features/b/rod_phillips/posts / french-wine-myths.

217 ウェールズ大学の地質学者アレックス・モルトマンは
Alex Maltman, "The Role of Vineyard Geology in Wine Typicity," Journal of Wine Research 19, iss. 1 (Aug. 13, 2008): 1 – 17.

217 ワイン愛好家が「テロワール」という言葉を
R. S. "Food at the Exposition," New York Times, Aug. 12, 1900.

217 だが、一九八八年に『タイムズ』は
Howard G. Goldberg, "Bordeaux Team Comes to L.I. To Share Expertise," New York Times, August 3, 1988.

218 一九九三年に『ニューヨーク・タイムズ』は
"Tastings," New York Times, Feb. 24, 1993.

218 二〇一四年にカリフォルニアのブドウ畑を
Nicholas A. Bokulich et al., "Microbial biogeography of wine grapes is conditioned by cultivar, vintage, and climate," Proceedings of the National Academy of ciences 111, no. 1 (Jan. 7, 2014): 139 – 48.

219 『ザ・ソム・ジャーナル』は
David Gadd, "The Reading Room," Somm Journal, Aug. – Sept. 2016: 11.

14章　帰国、そして聖地のワイン

222 グラニックはフルブライト奨学金を受給して

The Institute of the Masters of Wine website, s.v. "Lisa Granik," http://www.mastersofwine.org/en/meet-the-masters/profile/index.cfm/id/6fb5a043-5e4b-e211-a20600155d6d822c.

222 同じ頃、私はクレミザン探訪記をAP通信に寄稿した

Kevin Begos /Associated Press, "Palestinian winemakers preserve ancient traditions," San Diego Union-Tribune, Oct. 13, 2015.

224 その年の一一月には『ニューヨーク・タイムズ』が

Jodi Rudoren, "Israel Aims to Recreate Wine That Jesus and King David Drank," New York Times, Nov. 29, 2015.

224 一二月には、CNNがイスラエルとパレスチナのワインの特集を組んで

Oren Liebermann, "What would Jesus drink?", CNN website, Dec. 23, 2015, http://www.cnn.com/2015/12/23/middleeast/jesus-wine/.

225 今後は資料を読んだり考えたりすることに

Rod Phillips, "The Myths of French Wine History," GuildSomm website, Oct. 17, 2016, https://www.guildsomm.com/stay_current/features/b/rod_phillips/posts/french-wine-myths.

226 一八八〇年代初めに専門家から

Simon Schma, Two Rothschilds and the Land of Israel, (New York: Alfred A. Knopf, 1978.)

227 一四五三年、スルタン、メフメト二世は

Rachel Avraham, "Ottoman Empire: A Safe Haven for Jewish Refugees," JerusalemOnline, June 11, 2014, http://www.jerusalemonline.com/israel-history/ottoman-empire-a-safe-haven-for-jewish-refugees-5797.

228 歴史学者のアヴィグドール・レヴィーの推定では

Avigdor Levy, ed., Jews, Turks, Ottomans: A Shared History, Fifteenth Through the Twentieth Century (Syracuse, NY: Syracuse University Press, 2002).

228 歴史学者のアヴィグドール・レヴィーの推定では

Michalis N. Michael, Matthias Kappler, and Eftihios Gavriel, eds., Ottoman Cyprus: A Collection of Studies on History and Culture (Wiesbaden, Germany: Harrassowitz Verlag, 2009).

15章　アメリカのワイン用ブドウ品種

233 デュフールはアメリカで
Thomas Pinney, "Dufour and the Beginning of Commercial Production" in A History of Wine in America: From the Beginnings to Prohibition (Berkeley: University of California Press, 1989): 117 – 26.

237 「二、三年前まで、まさか
Eric Asimov, "A Top 10 Wine List So Good, It Takes 12 Bottles to Hold It," New York Times, Dec. 10, 2015.

239 「それでも、やれると思った
Eric Asimov, "At La Garagista, Hybrid Grapes Stand Up to Vermont's Elements," New York Times, Aug. 27, 2015.

241 それでも、グラハムは栄光の陰の挫折を
Eric Asimov, "His Big Idea Is to Get Small," New York Times, April 21, 2009.

242 二〇一六年初めにグラハムはワイン評論家にこう語っている
Bill Zacharkiw, "California dreaming with Bonny Doon winemaker Randall Grahm," Montreal Gazette, March 24, 2016.

245 カリフォルニアのある有力紙は、ウォーカーの研究を
Esther Mobley, "Can Andy Walker save California wine?", San Francisco Chronicle, Jan. 29, 2016.

247 ブルックリンで開かれた食糧会議で、グラハムは
Randall Grahm, "Speech presented at the Food + Enterprise Conference," Bonny Doon Vineyard website, May 5, 2015, https://www.bonnydoonvineyard.com/food-enterprise-speech/.

249 地元の持続可能な農業の促進者でもあるベリーは
Wendell Berry, "Confessions of a Water Drinker" in Inspiring Thirst: Vintage Selections from the Kermit Lynch Wine Brochure, edited by Kermit Lynch (Berkeley, CA: Ten Speed Press, 2004).

252 『フォーブス』誌はオンラインで取り上げ
Cathy Huyghe, "Coming Soon To A Winery Near You: Ancient Amphoras," Forbes website, Feb. 24, 2014, https://www.forbes.com/sites/cathyhuyghe/2014/02/24/coming-soon-to-a-wine-near-you-ancient-amphoras/#6da3fb9d2491;see also Chelsea Morse, "An Artist-Turned-Winemaker'

sIncredible Amphoras,"Food & Wine website, http://www.foodandwine.com/blogs/artist-turned-winemakers-incredible-amphoras;see also Kerin O' Keefe,"Ancient Vessels, Modern Wines," Wine Enthusiast website, Aug. 3, 2016.

252 オレゴン州のあるワイン評論家は
Katherine Cole, "The ancient art of terracotta-fermented wines gets new life in Oregon: Wine Notes," Oregonian via OregonLive.com, Aug. 13, 2014, http://www.oregonlive.com/foodday/index.ssf/2014/08/ancient_art_makes_for_antiquat.html.

255 たとえば、二〇一五年物のSM3
"2015 SM3, Minimus," Craft Wine Co. website, https://craft-wine-co.myshopify.com/products/2015-sm3.

16章　ワイン科学の暗黒面

262 アヴァ・ワイナリーを例にとってみよう
www.avawinery.com.

264 『ニュー・サイエンティスト』誌は、イタリアの
Chris Baraniuk, "Synthetic wine made without grapes claims to mimic fine vintages," New Scientist, May 16, 2016.

264 ジックが青いワインを世に送り出したのと同じ頃
Julie Bensman, "The world's first blue wine," BBC Travel, Nov. 19, 2016.

265 私がとまどった新製品の広告はまだある
www.vinome.com.

266 ヘリックスはヴィノームに関するプレスリリースで
"Helix Announces New Partnerships with National Geographic and Mount Sinai," Business Wire, Oct. 26, 2016.

266 医療と健康問題に特化した通信社STATが
Rebecca Robbins, "This startup claims to pair different wines with your DNA," Business Insider, Oct. 27, 2016.

267 ハーバード大学の科学史教授、スティーヴン・シェイピンによると
"The Tastes of Wine: Towards a Cultural History," wineworld: new essays on wine, taste, philosophy and aesthetics 51, anno LII, March 2012.

267 アメリカ財務省は
"Beverage Alcohol Laboratory" US

Department of the Treasury Alcohol and Tobacco Tax and Trade Bureau website, https://www.ttb.gov/ssd/beverage_alcohol_lab.shtml.

17章グレイプショナリー

271 テザウロは「グレイプショナリーA—Z」というイベントを

grapetionary: vines and wines A – Z website, http://www.grapetionary.com/.

272 『フォーブス』誌は「これまで体験したことのない

Huyghe, Cathy, "The Most Unique Wine Event I've Ever Experienced," Forbes website, June 9, 2016, https://www.forbes.com/sites/cathyhuyghe/2016/06/09/the-most-unique-wine-event-ive-ever-experienced/#65610c496fc5.

272 『ワシントン・ポスト』紙は、「Aのアリアニコから

Dave McIntyre, "From aglianico to zibibbo, he poured an alphabetical tour of wine grapes," Washington Post, Oct. 29, 2016.

18章　最古のブドウ、いにしえの味

279 メトロポリタン美術館といえば

Jane Kramer, "A Feast for 'Jerusalem' at the Met," New Yorker, Dec. 4, 2016.

282 インドでの発掘調査で、マンチェスターのチームは

Steven R. Manchester, Dashrath K. Kapgate, and Jun Wen, "Oldest fruits of the grape family (Vitaceae) from the Late Cretaceous Deccan cherts of India." American Journal of Botany 100, no. 9 (Sept. 2013): 1849 – 59.

283 二〇一七年初め、ドローリの調査チームは

Elyashiv Drori et al., "Collection and characterization of grapevine genetic resources (Vitis vinifera) in the Holy Land, towards the renewal of ancient winemaking practices," Scientific Reports 7, no. 44463 (March 17, 2017).

284 リンゴの研究者であるエイドリアン・ニュートンは

A. Eastwood et al., The Red List of Trees of Central Asia, Fauna & Flora International, 2009; see also Josie Glausiusz, "Apples of Eden: Saving the Wild Ancestor of Modern

Apples," National Geographic, May 9, 2014.

著者　ケヴィン・ベゴス Kevin Begos

AP通信、『タンパ・トリビューン』『ウィンストンセーラム・ジャーナル』の特派員、MITナイト・サイエンス・ジャーナリズム・フェローなどを経てフリーランス・ライターに。『サイエンティフィック・アメリカン』『クリスチャン・サイエンス・モニター』『USAトゥデイ』『ニューヨーク・タイムズ』等多くの新聞・雑誌に寄稿。エネルギー、サイエンス、ワイン、環境、生活などをテーマとする。受賞歴も多数。

訳者　矢沢聖子（やざわせいこ）

英米文学翻訳家。津田塾大学卒業。主な訳書に、トラヴィス・マクデード『古書泥棒という職業の男たち』、スーザン・グルーム『英国王室の食卓史』（原書房）、リンゼイ・デイヴィス『密偵ファルコ』シリーズ（光文社）、アガサ・クリスティー『スタイルズ荘の怪事件』（早川書房）、ダミアン・トンプソン『すすんでダマされる人たち』（日経BP社）ほか多数。

古代《こだい》ワインの謎《なぞ》を追《お》う
ワインの起源《きげん》と幻《まぼろし》の味《あじ》をめぐるサイエンス・ツアー

2022年6月3日　第1刷

著者…………ケヴィン・ベゴス
訳者…………矢沢聖子《やざわせいこ》
ブックデザイン……永井亜矢子（陽々舎）
カバー写真……iStockphoto
発行者…………成瀬雅人
発行所…………株式会社原書房
〒160-0022 東京都新宿区新宿1-25-13
電話・代表　03(3354)0685
http://www.harashobo.co.jp/
振替・00150-6-151594
印刷…………新灯印刷株式会社
製本…………東京美術紙工協業組合

ISBN 978-4-562-07182-1 Printed in Japan